美术与设计类专业理论及实践教学系列教材

主　　编　潘鲁生
执行主编　董占军　唐家路

包装设计实务

彭建祥　编著

清华大学出版社
北京

内 容 简 介

本书对包装设计流程所面对的市场调研、消费心理、设计策划、包装印刷、纸盒结构、包装容器，以及包装装潢中的字体、图形、色彩等问题进行了较详细的阐述，便于学习包装设计课程的在校学生及从业人员对理论知识和操作技巧进行系统化学习，同时在包装整体化设计观念下对食品包装、酒包装、化妆品包装、医药品包装、礼品包装以及绿色包装方式进行了分类阐述和图解，便于读者在包装专题设计过程中进行比对学习。本书插入大量说明图片，以便于读者更好地理解文字内容，使读者在学习包装设计过程中进行参考。

图书在版编目（CIP）数据

包装设计实务/彭建祥编著.—北京：清华大学出版社，2013
（美术与设计类专业理论及实践教学系列教材）
ISBN 978-7-302-30863-8

Ⅰ.①包…　Ⅱ.①彭…　Ⅲ.①包装设计－教材　Ⅳ.①TB482

中国版本图书馆CIP数据核字（2012）第291415号

责任编辑：甘　莉
装帧设计：王承利
责任校对：王荣静
责任印制：李红英

出版发行：清华大学出版社
　　　　　网　　　址：http://www.tup.com.cn，http://www.wqbook.com
　　　　　地　　　址：北京清华大学学研大厦A座　　　　邮　　编：100084
　　　　　社 总 机：010-62770175　　　　　　　　　　邮　　购：010-62786544
　　　　　投稿与读者服务：010-62776969，c-service@tup.tsinghua.edu.cn
　　　　　质 量 反 馈：010-62772015，zhiliang@tup.tsinghua.edu.cn
印 刷 者：北京鑫丰华彩印有限公司
装 订 者：三河市新茂装订有限公司
经　　销：全国新华书店
开　　本：210mm×285mm　　印　　张：16.25　　字　　数：279千字
版　　次：2013年1月第1版　　　　　　　　　印　　次：2013年1月第1次印刷
印　　数：1～5000
定　　价：76.00元

产品编号：041987-01

总序

　　近 30 年来,我国设计艺术教育在传统工艺美术教育的基础上迅猛发展。当前, 不仅艺术院校, 在一些综合性大学、理工科大学、单科院校也相继开设了设计艺术类专业。据教育部有关资料显示, 截至 2009 年 6 月, 全国 1983 所普通高校中已有 1368 所设置了设计艺术类专业, 比例高达 69%。高校在校生中, 有 5% 为艺术类专业学生, 而这 5% 的学生中有 20% 分布在独立建制的艺术类院校, 另外 80% 分布在综合性大学等其他类高等学校。21 世纪是 "设计的世纪", 经济的发展已由产品的价格竞争、质量竞争转向设计的竞争, 设计已成为衡量一个国家经济竞争力的重要指标之一。经济的迅速发展、产品的不断更新给社会各方面带来了巨大变革, 因而对设计艺术教育也提出了更新、更高的要求。设计艺术专业已被列为社会发展急需专业之一, 如何适应社会经济的飞速发展, 满足人们物质生活和精神生活的需要, 适应设计艺术事业的要求与变革, 设计艺术教育与研究正面临新的挑战。

　　20 世纪末, 我国的设计艺术教育发生了重大变化。1998 年, 国务院学位委员会在高等院校工艺美术各专业的研究生教育中增设 "设计艺术学", 将本科 "工艺美术" 调整为 "艺术设计"。学科专业名称的变化, 反映了现实的需要和未来的发展方向。早期的工艺美术教育以人们衣、食、住、行、用服务的实际为教育和办学宗旨, 以培养专业设计人才为目标, 这种办学宗旨和目标可以说体现了当时工艺美术的本质特征。设计艺术涉及的面非常广, 与人们的生活息息相关。从人们的日常生活用品到交通工具 ; 从展示设计、企业形象策划、媒体广告、动画, 到产品包装、样本、商标 ; 从居室空间到公共环境空间等, 无所不及。同时也包括传统工艺美术领域的陶瓷、漆器、印染、金属工艺、玻璃等工艺与设计。随着科学技术的进步和学科的交叉发展, 新的设计艺术门类如计算机辅助设计艺术、网页设计艺术、数字媒体设计、游戏设计等不断涌现。无论是传统的 "工艺美术", 还是现在的 "设计艺术", 必须与生产实践和生活应用相结合, 要做到真正意义上的结合, 必须把设计艺术教育放到合理的位置。"设计是科学与艺术的结晶", 设计艺术教育要建立一种与 "设计艺术学" 这一边缘性交叉学科相适应的课程体系。设计艺术教育不是简单的艺术教育问题, 从事设计艺术职业的人仅具备感性的艺术素质是远远不够的, 而应对管理学、市场学、传播学、心理学、方法学等人文科学、社会科学, 以及相关的技术学科知识有充分的了解或把握。

我国的设计艺术教育在机遇与挑战中积极推进。2011年，国务院学位委员会新年会议第一议程通过将艺术学科独立成为"艺术学门类"，原归属"05门类"之"文学门类"的艺术学科告别和中国语言文学（0501）、外国语言文学（0502）、新闻传播学（0503）、艺术学（0504）四个并列一级学科，成为新的第十三个学科门类"艺术学门类"。该门类下设五个一级学科：艺术学理论、音乐舞蹈艺术学、戏剧影视艺术学、美术学和设计学。将来占据全国大学招生人数超过5%的艺术学生，从本科到博士将获艺术学学士、艺术学硕士、艺术学博士等学位。"美术学"和"设计学"一级学科的建立，为美术学和设计学的发展提供了强大保障，它表征着中国经济发展对设计艺术的迫切需求，以及设计艺术意识的普遍提高。但是，我们必须在这种迅速发展的形势下，对设计艺术教育发展有清醒的认识，发现设计艺术教育存在的问题，并采取相应的策略。目前，中国设计艺术教育发展主要体现在办学规模上，在学科建设和理论研究上相对滞后。具体表现在：学科体系偏重艺术内容，忽视了设计艺术学的边缘性、交叉性学科属性；专业设置大多是在美术类、工艺美术类或吸收包豪斯教学体系发展起来的，课程设置基本上延续了传统工艺美术以及"三大构成"内容，而对与现代生产、生活和科学技术密切相关的课程缺少足够重视；师资队伍和教材建设与设计艺术发展规模和内涵还存在很大差距。

鉴于这种状况，设计艺术教育应该加强设计艺术学学科建设、专业和教材建设，"美术与设计类专业理论及实践教学系列教材"顺应设计教育的发展需求，以逐步建立和完善设计艺术学科体系为宗旨，培养学生的综合素质为目的，具有设计艺术学科各专业发展的适用性和广泛性。该套系列教材理论和实践结合，作者具有多年的教学实践经验，既可用作高等院校教材，也可作为相关工作人员的参考书。另外，它对我国美术学、设计艺术学科体系建设也具有重要作用。"美术与设计类专业理论及实践教学系列教材"是山东省教学改革立项重点研究项目——《艺术设计类专业应用型人才培养体系及教材建设研究》内容之一，也是落实教育部"创新型应用艺术设计人才培养实验区"的具体举措之一，敬请美术与设计艺术教育界的同行专家批评指正，为促进美术学、设计学发展共同努力。

潘鲁生

2011年8月于泉城

目　录

第一篇
包装设计内容与实训

第一章　包装设计流程实训与操作

第一章　包装设计流程实训与操作

第一节　针对性包装市场调研

包装设计作为日趋完善的商业性艺术设计，是一门集科学、艺术和人文为一体，具有很强交叉性、综合性的边缘学科；是运用创造性的设计思维方法将文字、图形、色彩、造型、结构等艺术语言，同包括结构、成型工艺、印刷工艺等工程技术和生产制造相结合的产物。除此之外，包装设计还涉及市场营销学、消费心理学、技术美学、人机工程学、民俗文化学、现代储运学等方面的知识。包装设计既与之有着密不可分的联系，又具有自身独立的知识体系和完整的系统结构。

作为独立完整的知识系统，包装设计不同于纯艺术。尽管艺术手段是它的一个重要组成部分，但它并不以表现纯粹个人的主观感受及喜好为目的，而是通过设计师的创意服务于广大的消费者，于设计中体现包装的意义、美感和价值；包装设计不同于工程技术。它不仅表现在对包装材料、结构、构造和生产技术的重视，而且更关心包装与人和社会相关的外部环境系统，真正实现着人—包装—环境的协调、平衡和发展；包装设计也不同于市场营销术。尽管它在市场竞争中起到重要的作用，但它更主要的是产品与消费者之间的桥梁。通过包装设计，产品不但转化成为商品，而且提高了商品的市场竞争力，增加了企业的利润。同时，它对企业和社会文化的传播也起到重要的作用，使生产企业和消费者都能从中得到最大的利益。

成功的产品要立足于市场，除产品好外，其包装设计也必须经过市场的认可。任何设计如果不能被市场所认可，即使它再出色也只能是一件单独的艺术品而已。市场调研可以帮助设计者充分了解市场需求和市场发展方向，从而设计出能够适应市场的包装。一个企业在销售上能否取得成功，不但取决于产品，而且还取决于其包装。这也就解释了纽约一家公司的副总裁菲利普·英理斯先生为什么愿意投资 10 万英镑为万宝路香烟设计一个新的包装的原因。而且，随着社会向前发展，自选商场不断增多，售货员逐渐减少，向顾客推销产品的工作也渐渐由包装本身代替。包装扮演着"无声的推销员"的角色。

包装设计是面对社会和市场的工作，只有对市场信息进行全面研究，才有可能成为设计方案的细致完善的基础。它是一种社会化协作活动。

作为新时代的包装设计师，要赋予包装新的设计理念，要了解社会、

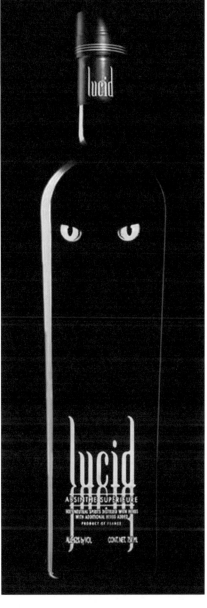

国外饮料包装设计

了解企业、了解商品、了解消费者，作出准确的设计定位。包装设计的定位思想是一种具有战略眼光的设计指导方针。没有定位就没有目的性、针对性，也就没有目标受众，商品就销售不出去，也就失去包装设计的新时代意义。唯有遵循设计规律，才能做出适合时代发展需要的设计。

包装是否能够适应所有人群呢？这是不可能的。人们由于年龄、文化、素质的差异性，审美观也大不相同。由于包装是针对商品而设计的，因此首先要确定的就是商品的主流消费人群。所谓主流消费人群，是指占主导地位的具有相当购买倾向与能力的消费人群。正所谓众口难调，主流消费人群应该是最主要的消费生力军。根据商品消费对象，确定其经济消费能力和审美倾向，最后进行有针对性的设计。

主流消费人群按照消费者的收入大致分为如下几类。

（1）普通工薪族：收入中等，讲求经济实惠。尤其值得一提的是，被业内人士称为"新贵"一族的 25 ～ 35 岁之间的特定人群，家庭收入中、高等，因有限的休息时间、越来越高的眼光等原因，据称会成为中国消费者的主流。

（2）新新人类、都市魅族：这类人群休闲、时尚、前卫，对新生事物、新产品很感兴趣，尤其喜欢赶潮流。

（3）金领、粉领、高级灰领、圆领：属于收入颇丰的成功人士，成熟，追求品位，对包装较为讲究。

除了按收入的层次进行包装定位外，还按民族、种族、性别、年龄和区域文化等进行定位。

根据上述不同消费人群、不同消费层次的比例，确定好商品的消费档次，进行设计定位。除了消费对象以外，设计定位的确定还可以参考品牌形象、商品形象、传统、差异点（卖点）、性质用途等。比如，一件商品是作为礼品，还是作为日常用品，其包装设计的档次也就不同。同时，还应将专业性、环保性、适用性和规范性有效地结合起来，即进行所谓的"适度包装"。

只有进行准确的市场定位，明确主流消费群体，采用适度、适当的包装才能使包装的附加价值最大化。

一、包装市场调研的内容

通常说的市场调研，其调研内容主要包括商品销售情况、竞争对手产品的包装及成败因素、典型的包装等。

包装设计中的市场调研，是设计者对消费者的爱好、需求、趣味、同类产品的销售情况、客户的意见等进行充分的了解，以研究市场的潜在消费人口、购买力、购买动机，即对以往同类产品的优缺点的分析。如果是新上市的产品，则主要重视产品的消费需要，还有消费者的心理需求、社会氛围等的分析。

二、包装市场调研的方法

市场调研中只有获得大量的信息，特别是对数据、图像、资料等进行仔细分析，才能对产品市场有一个充分的了解。一种产品在一个地区和另一个地区的销售是不同的，这往往涉及社会风俗的流行。设计产品的对象是具体的使用者，由于年龄的差异、男女比例等成因，对产品的好恶选择，造成了产品的不同需求量。因而包装设计人员要针对市场的区域范围、社会风俗、性别年龄、家庭文化等，进行广泛的调研，设计出合适、合理、具有针对性的包装。

国外饮料包装设计

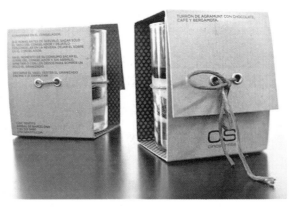

巴塞罗那 Cinc Sentits 餐厅饮用品
容器外包装设计

三、包装市场调研的结果

通过市场调研，设计者多方面地搜集产品包装设计所涉及的市场、消费者等方面的信息，对此进行加工整理写出调研报告。调研报告要求简明扼要，观点明确，调研搜集的材料与提出的观点保持一致，提出设计中所要解决的问题与方法。尤其作为一个新产品，在众多市场竞争对手的激烈角逐中，要战胜已被消费者认可品牌的同类产品，包装必须要具有特性，要有与市场调研结果相符的创意，使包装具有鲜明的个性与新颖的感觉，让消费者过目不忘，从而使产品具有延续性消费的可能。

市场调研可以避免风险，协助企业把重点放在能带来最大利润的市场。在信息时代的今天，调查研究可以帮助人们及时了解所发生的变化，以便通过优秀包装设计找到销售的各种途径。只要我们懂得了不同消费者购买不同包装商品的奥妙，就可以按照调研的结果去满足人们的各种需要，促进商品销售。

产品在进入市场之前，进行充分的市场调研是企业提高产品销售量的重要手段之一。因此，在搞好市场调研、充分掌握有关信息的基础上设计出来的包装，能有效地推销商品，提高商品在市场上的占有率。只有能经得起市场流通检验的商品，才能长久地占领市场。

第二节　包装设计可行性分析

一、消费心理分析

包装作为实际商业活动中心市场销售的行为，不可避免地与消费者的心理活动变化因素产生密切的关系。把握消费者的购物心理，是包装设计的重要出发点。掌握并运用其规律，依次制定相应措施，可以有效地改进设计质量，在增加商品附加值的同时，提高销售效率。

商品价值包括物理价值和心理价值。无包装的商品本身具有物理价值，商品外观造型、包装装潢、商标名称、价格、企业形象则具有心理价值。在营销行为中，商品包装的风格、品位与时代感所产生的心理影响差别比物理差别更显重要。

（一）消费者购物需求的心理特征

消费者在购买商品前后，有着复杂的心理活动。每个人由于年龄、性别、职业、文化、经济水平、民族、宗教、在家庭生活中扮演角色等因素的不同，心理活动与作用也千差万别，大体上可归纳为以下几种。

（1）求实心理。成熟的消费者、工薪阶层、家庭主妇、经济收入不宽裕者，往往持求实心理。他们在购买商品时，重视产品的使用价值，讲究经济实惠，并不刻意追求外形美观和款式新颖，希望不多花钱而得到结实耐用、功能齐备的商品。同时，求实的心理也表现在使用的合理、方便方面。

（2）求美心理。青年消费者、知识阶层、经济上有一定承受能力者普遍存在着求美心理。商品造型和包装设计的美观就是消费者的心理追求，也是包装设计者的主要工作目标。持求美心理的消费者比较重视商品的艺术价值，对商品的造型、色彩、线条、质感从欣赏角度严加挑剔，注重风格流派、品位风韵的外在视觉感受。在产品类别方面，化妆品、服装、鞋帽、装饰用品和各种高价格商品，往往都十分注重审美价值心理的表现效果。

（3）求新心理。经济条件宽裕、外向型性格的青年男女，在商品选择上，往往表露出"出众"心态，追时髦、赶浪头、讲个性，而不是随众心态。对商品的使用价值和价格高低似乎不太在意，而以新、奇、异为追求目标。此外未成年的少年儿童出于好奇、兴趣，又由于不由自己考虑价格问题，也往往表现出浓厚的求新心理。

（4）求名心理。消费者购买商品讲牌子，历来如此，完全出于对名牌

Zing 碳酸饮料品牌彰显的青春活力元素
经过广泛的市场调研后，SMR 公司总结
出，Zing 是清新、质朴、令人难忘的碳
酸饮料品牌，在 11 ～ 16 岁的目标受
众中得到非常高的认可度。因此可以根
据这一调研结果设计成具有现代和醒目
特色符号数组和图标等年轻设计元素的
包装外观形象，以期达到与青少年市场
目标受众的共鸣。

产品的信任。经济富有的消费者自然表现出强烈的求名心理，以至于不问价格。而经济条件一般的消费者，在同一类商品价格接近的情况下，自然会选择知名度高的品牌。产品因名牌而升值，产品因名牌而久销不衰是所有人都已接受的规律。

（5）仿效心理。在仿效心理中，尤以名人效应最具魅力。相信名人的眼力，仿效名人的生活方式，追随名人的选择是一种时效很强的潮流现象，通过模仿获得良好的自我感觉。广告设计中，名人出场推销商品往往有更大的诱惑力，其意义也在于此。

（6）增辉心理。现代社会人际的交往越来越频繁，交友访亲、节日祝贺、馈赠往来、礼仪公关等活动中，商品扮演着不可替代的角色。消费者购买礼品时较少考虑价格，更多的是"面子"情义。消费者的心理是复杂的，很少一直保持一种取向，很多情况下，有可能综合两种以上的心理要求。心理上的多样性追求，要求产品多样性，也带来包装设计的多样化与针对性。

（二）消费者的审美心理特征

从技术美学的角度看，包装设计是一门视觉艺术与空间艺术、审美心理的整合物化，可以在设计结构本身找到规律与心理变化特征。

（1）内在条件与外观效果的统一性。设计师要善于将设计的内在条件与外观效果统一起来。内在条件就是要抓住功能性这一最根本、最活跃的因素，指向定位，讲求实用，让消费者使用的新商品易于区别于其他商品。设计的外观是讲究完整的格式、鲜明的形象、有层次的交代、具有实用的

国外化妆品包装
一系列漂亮的造型、五彩缤纷的色彩搭配符合了女性爱美的心理，让人爱不释手。

审美价值，使人易于认同而产生回味。因此，一件包装设计既不能只图形式而忽视反映质的指向，也不能不讲形式而拘泥于内容说明。只有完整的设计形象，才能使消费者的审美心理得到满足。包装手法与技法如果不附着于产品的内在特性，只会使消费者感到不平衡，感觉内低外高、言过其实，影响审美心理，使消费者产生不良印象与记忆，进而影响销售。

（2）喜新厌旧的求变心理。喜新厌旧是消费者普遍存在的审美变化倾向。爱新鲜、赶时髦是积极求变的心理活动，属正常现象。人的"成群性"倾向又受到种种异质性心理暗示，促使向新的流向心态发展，使市场变化产生消费心理"流"的特征。现代商品审美的流行性变化周期越来越短，"流行动态"的日新月异要求设计者利用"异质性"的夸张、对比、突出、反常等刺激性手法，加大色彩形式风格、流派、效果之间的距离，使消费者在好奇中自然地、积极地进入兴奋状态，留下印象，产生替换更新消费品的冲动。设计师的任务不在于能迎合既往客观的审美情趣，而在于发现流动中新的审美情趣，不断开拓发展中的处于雏形状态的新的审美领域。设计师只有成为消费者心灵的体察者，才能站在时代审美的前列。

（3）第一印象。视觉审美中第一印象的刺激，能使人产生深刻的心理印象，往往影响以后的印象并被留存在潜意识中。接触新包装开始时的十多秒钟是关键瞬间，新的形象给予消费者的印象是新鲜的，容易引起兴趣。第一次视觉接触，最易留下视觉印象事物的明显个性化特征。虽然第一印象是第一次接触，但也最容易得出对包装设计的整体感受、整体印象。第一印象又与最终印象紧密联系，最终印象对第一印象起印证补充作用。

（4）普遍存在的心理爱憎。由于年龄、性别、职业、文化程度、经济地位与宗教信仰、风俗习惯的不同，大多数人中存在一定的既成审美准则，对色彩、图形的符号意义有着不同的感受，消费者对它们的好与恶、喜欢与禁忌等是进行包装设计应充分注意的。

色彩心理是色彩本身给予人一般的生理效应和心理感应，人对商品色彩的属性、品质、档次的习惯认同，世界各地区、各民族的色彩喜好与禁忌。图形心理是具有时代精神、被人们喜闻乐见的象征形象，世界各地区、各民族的图形喜好与禁忌，对规范化标识的习惯认同。世界各地、各国因宗教的不同产生不同的喜好与禁忌。

二、包装结构可行性分析

包装结构设计是形成包装实体和实现包装功能的重要环节，与包装造型和视觉传达等总体设计相辅相成，互补互生，实现包装的整体功能。由于包装商品的类型复杂，包装结构设计形成多种不同的体现方式，一类如依靠模具成型生产的玻璃、陶瓷、塑料等中空容器，造型与结构设计完全

国外橄榄油包装设计
这款由西班牙设计师 Lgnasi Boza 设计的 Alboderes 特级初榨橄榄油包装，其灵感来自区分三种类型的橄榄树和它们成长的环境，用质感的元素作为设计的灵感启发源泉，并利用排版的变化将它们加以区分。"三瓶橄榄油包装，它们每个品种都是以橄榄树生长环境的自然元素——树皮、土地和石头作为包装的主要设计元素。"

融合为一体，可谓一个事物的两个面，造型依赖各部位具体的结构来体现，而结构则依赖造型而生存；另一类如纸盒、纸箱、木箱、钢桶、金属罐等以板材加工组合成型的包装容器，同一造型却可以根据用材加工和功能的需要，设计成多种不同特点的包装主体或底部与封合结构，至于包裹与捆扎式包装结构方式则灵活性更大。包装结构设计结合包装的功能与造型、用材等因素，主要解决包装的承受、容纳、排列、支撑、隔离、固定、封合，保护内装物品，以及方便加工生产、储运、开启与消费应用等问题，是包装设计中涉及面较宽、难度较大、关键性的一个环节。

三、销售成功可行性分析

市场营销是立足于消费心理基础上的销售科学。在激烈的市场竞争中，由于技术的进步和市场的逐步规范，消费者仅从产品质量上已经不容易分出高低。在这种情况下，拿什么去说服消费者呢？作为促销商品的包装设计，必须找到自己商品的个性所在，即与别人的不同之处，或者是创造出这个不同之处，也就是要找到商品的卖点和机会点，从而制定出正确的包装营销战略。

包装设计所表现出的商品营销战略是多方面的。

（1）品牌名称战略：良好的商品商标与品牌形象，往往是商品畅销的主要原因，能唤起消费者的信赖感与亲切感。消费者认同的商标，品牌即可成为包装设计的主题之一，也往往成为消费者选择商品的依据。

（2）商品资讯战略：在设计中把商品信息尽可能多地告知消费者，以独特的营销诉求表达商品的特性、原料成分、使用方法、功能与质量维护等信息，满足消费者的需求。

（3）商标分化战略：为了使商标取得更广泛的知名度，扩大商品市场占有率，采用商品分类使用商标的方法。通过在主商标下分化出子商标或副商标，在不同类别的商品包装上加以应用。以包装设计与商标策略的密切配合，形成初次或母子的相辅相成关系，促销商品。

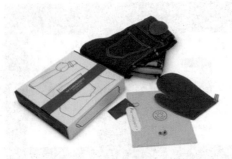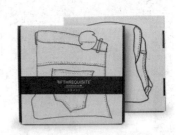

Fifthrequisite 牛仔裤包装设计，采用的是清爽简单的盒装方式。

（4）识别企划战略：通过合理的包装设计程序，运用多样性、差异性、统一性的设计表现，创造出商品包装本身独特的识别象征，既推销了商品，又宣传了企业。

（5）分割市场战略：依据市场营销中市场细分化原则，从特定的角度迎合不同层次的消费者需求，配合年龄、性别、价格、职业、机能等因素进行市场分割，满足市场不同的需求。

（6）包装文案战略：引用创意性广告词或新产品、新功能等提示，创造某种商业文化意境，引发消费者的情感因素，诱导和激发消费者的潜在需求，从而使之产生愉悦、冲动、联想的购买欲望。

（7）附赠品战略：利用包装内与主题商品相辅的小商品或包装外的小商品等附加赠品，对消费者产生诱惑力的同时，使他们产生获得意外经济价值的亲切感。

（8）广告同步化战略：配合多种促销活动与广告媒体的宣传，通过包装图形、色彩、字体的同质化、统一化、系统化，促使包装与多种广告媒体和活动的同步，全方位加大包装的形象渗透，以达到促销的目的。

（9）企业形象战略：将包装设计纳入企业整体传达系统统一开发，建立企业形象识别系统与包装设计一体化的企业整体形象设计，促进企业形象的宣传推广。

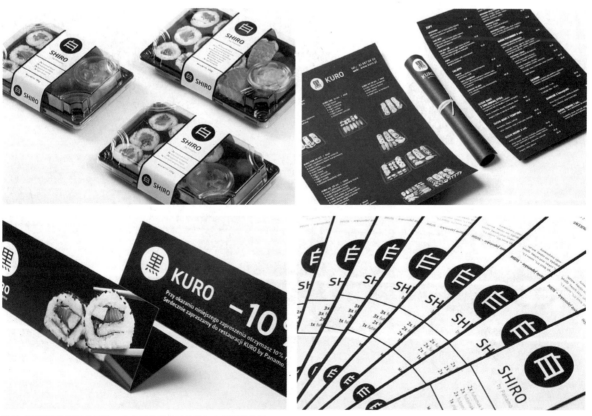

波兰 ARTENTIKO 设计公司为一个寿司食品做的品牌与包装设计作品。

国外牛奶包装设计
这款 Milk Man 牛奶便携包装设计既简洁大方，又非常实用，红白颜色搭配，给人以明快的视觉冲击，加上提手，方便人们提拿。设计师是澳大利亚的 Ben Stevens。

国外创意包装设计

第三节　包装设计展开

一、设计策划

设计策划作为包装设计的第一步骤，它的任务在于使设计业务结合商业情报，进行资料的收集与比较、分析，了解法律规章，研究设计限制条件，确定正确的设计形式。在设计策划过程中，须做好以下几点。

（一）与委托人沟通

当一个包装设计任务在手，不要忙于从主观意思出发实行设计，我们所做的第一件事应该是与产品的委托人充分沟通，以便对设计任务有详细的了解。所了解的情况具体包括如下几点。

（1）产品本身的特性。产品的重量、体积、强度、避光性、防潮性以及使用方法等，不同的产品有不同的特点，这些特点决定着其包装的材料和方法。

（2）产品的使用对象。由于消费者的性别、年龄以及文化层次、经济状况的不同，形成了他们对商品的认购差异，因此，产品必须具有针对性。只有掌握了该产品的使用对象，才有可能进行定位准确的包装设计。

（3）产品的销售方式。产品只有通过销售才能成为真正意义上的商品，产品销售的方式有多种，最常见的是超市货架销售，此外还有不进入商场的邮购销售以及直售等，这就意味着所采取的包装形式应该有所区别。

（4）产品的相关经验。产品的相关经验包括产品的售价、包装及广告预算等。对经费的了解直接影响预算下的包装设计，而每一个委托商都希望以少的投入获取多的利润，这无疑是对设计师巨大的挑战。

（5）产品包装的背景。产品的包装背景一是委托人对包装设计的要求；二是该企业有无 CI 计划，要掌握企业识别的有关规定；三是明确该产品是新产品还是换代产品；等等。了解产品包装的背景，便于制定正确的包装设计策略。

（二）进行市场调研

市场调研是设计过程中的一个重要环节，它能使设计师掌握许多与包装设计有关的信息和资料，更有利于制订合理的设计方案。它包括以下几点。

（1）对产品市场需求的了解。从市场营销的理念来说，顾客的需求和欲望是企业营销活动的中心和出发点。设计者应该依据市场的需求发掘出商品的目标消费群，从而拟定商品定位与包装风格，并预测出商品潜在消费群的规模以及商品货架的寿命。

（2）对包装市场现状的了解。根据目前现有的包装市场状况进行调查分析，它包括听取商品代理人、分销商以及消费者的意见，了解商品包装

国外婴儿食品品牌 Plum 包装设计

设计的流行性现状与发展趋势，并以此作为设计师评估的标准，总结归纳出最受欢迎的包装样式。

（3）对同类产品包装的了解。及时掌握同类竞争产品的商业信息，这对于设计师来说是调研中必不可少的重要环节。从设计的角度，对竞争产品包装的材料、造型、结构、色彩、图形以及文字等进行分析，分析竞争产品的货架效果，了解竞争对手的销售业绩，这会给即将展开的设计带来极大的益处。如果产品有明显的地域消费差异性，就须在不同的地域展开调查。调研时要有效地利用人力和物力资源，避免重复和浪费。

（三）拟订包装设计计划

在全面地掌握有关调查信息和资料后，要对调查结果进行科学的分析、统计，使结果对设计产生正确的指导性影响；拟订合理的包装设计计划及工作进度表，以利于设计的顺利发展。

计划书的内容包括：包装重点资料与条件分析和设定，明列设计意念并制定设计目标，提供设计意念表达的构思方案，明细经费预算及设计进度。

二、设计创意

创意是设计的灵魂，它主要包含两类：灵感实现和创意培育。灵感实现多是凭借周围的环境事物，触及思绪，在电光火石的一刹那撞击而出。但实际创意过程中，这种情形很少，且多以一个人的知识积累以及丰富的

迎接兔年的葡萄酒
这款葡萄酒的包装非常特别，设计师为了迎接兔年特别把酒标设计成兔子的样子，不但符合农历新年的概念，同时又能吸引消费者的目光。

实践经验为前提。创意培育是指在掌握了一定的与设计任务相关的信息后，研究、思考、发现创意雏形，然后小心地培育、保护，并不断地对之进行测试和发展，使其成熟、完美。

设计创意的表达包括两个方面：一是文案表达；二是图形表达。文案表达的内容主要是创意的切入点以及实施计划；图形表达是创意的关键，要充分发挥想象力，进行多种构成手法与表现形式的尝试，产生一定数量的设计草图，以便进行多角度的比较并确定最好的方案。

三、设计执行

设计执行包括定稿、正稿制作、打样校正三个阶段。

（1）定稿。定稿是指将众多的设计草图与委托人一起研讨、分析，并测试初选方案的货架展示效果，征求部分消费者的意见，在共同协助中确定最佳的设计方案。

（2）正稿制作。正稿制作是指印前设计稿的细化过程。在今天的数码时代，电脑的参与已将这一过程变得轻松、快捷。

（3）打样校正。有了电脑设计稿并不代表整个设计过程的完成，因为包装的最后成型还包括出胶片和印刷。为了使设计效果更能真实、准确的再现，还要对打样文稿做校正，如色彩修正、局部调整、品质监制等，以确保包装成品最终达到设计要求。

Zlatni Pelin 比特酒酒瓶、标签

饮料易拉罐包装设计

第四节　包装印刷

一、包装印刷的分类

印刷是使用印版或其他方式将原稿上的图文信息转移到承印物上的工艺技术。根据印刷的定义，印刷的分类方法也是多种多样的，一般用得最多的是根据印版的不同进行分类，可以分成凹版印刷、平版印刷、凸版印刷、孔版印刷、柔性版印刷等。针对包装品采用的印刷方式可以统称为包装印刷，目前对包装印刷还没有统一的分类，根据不同的需要可以采用以下的分类方法。

（一）按承印材料分类

按照承印材料的不同，包装印刷可以分为纸张、纸板印刷，塑料印刷，薄膜印刷，金属印刷，玻璃印刷等。

（二）按容器类型分类

根据包装品的外形可以将包装印刷分为包装盒印刷、包装箱印刷、包装袋印刷、包装罐印刷等。

（三）按印版类型分类

按印版类型分类与印刷的一般分类方法相同，它也可以分为凸版印刷、平版印刷、凹版印刷、孔版印刷、柔性版印刷等。

由于包装品的多样性和加工的高要求性，针对包装而采用的印刷方式也不是完全固定的，如包装盒的印刷既可以采用平版印刷方式，也可以采用凹版印刷方式。多种印刷方式的交汇给包装印刷的分类带来一定的难度。

二、包装印刷的特点

目前，我们通常接触的印刷种类主要有凸版印刷、平版印刷、凹版印刷、孔版印刷、柔性版印刷五种。在包装印刷中，凸版和平版这两种印刷工艺是被大量采用的印刷方法，并且在很多的包装印刷中都采用了凸版和平版交替使用的工艺方法，以达到更佳的印刷效果。另外，柔性版印刷也在近些年得到广泛的应用。

（一）凸版印刷

凡印刷版面上印纹凸出、非印纹凹下的，通称凸版印刷。由于印刷版面上印纹凸出，当油墨辊滚过时，突出的印纹沾有油墨，而非印纹的凹下部分则没有油墨。纸张压在印刷版面上并承受一定压力时，印纹上的油墨印到纸上，从而印出各种文字、图案而成为印刷品。

凸版印刷是历史最悠久的一种印刷方式，适用于产品精细程度要求不是很高的情况，普通的凸版印刷主要适合一些线条原稿的包装盒和包装箱印刷。凸版印刷的特点是印刷品的墨色比较厚实，网版部分的网点清晰不虚，适合印刷凸凹和烫金的包装设计产品。凸版印刷最大的优点是成本较低，设备结构相对简单；最大的缺点是印版较软，在压力作用下容易发生弹性变形。它在包装中主要应用在纸箱和软包装的印刷中，瓶贴、盒贴等以色块、线条为主的一般销售包装都适合用凸版印刷。

（二）平版印刷

平版印刷是目前运用最普通的印刷技术。平版印刷和凸版印刷不同，印纹和非印纹几乎在同一平面上。它利用水和油不相溶的原理，印纹保持油质，而非印纹部分则经过水辊吸收了水分。在油墨辊滚过版面之后，油质的印纹沾上油墨，而吸收了水分的非印纹部分则不沾油墨，然后将纸压

国外纸质包装印刷作品

凸版印刷

到版面上，印纹上的油墨转移印到纸张上而成印刷品。平版印刷又被称为间接印刷或胶印。

平版印刷套色准确，色调柔和，层次丰富，吸墨均匀，适合大批量印制，尤其是印刷图片，特别适合画册、书刊、样本、包装等的印刷，适应范围很广，但不适合要求烫金、凹凸等特殊效果的印刷。如高档商品或香烟的包装设计，其中商标图形采用烫金手法或文字采用凹凸效果，平版印刷就无能为力。

（三）凹版印刷

凹版印刷的印刷版面的印刷部分被腐蚀或雕刻凹下，且低于空白部分（图1-1），而且凹下的深度随图像的色彩不同而不同，图像部位越黑，其深度越深。但是空白部分都在同一平面上，印刷时整个版面涂布油墨，然后用刮墨刀刮去空白部分的油墨，再施以较大压力，使版面上印刷部分的油墨转移到承印物上而获得印品。

凹版印刷的主要特点有：凹版印刷成品图文精美，色彩鲜艳，墨色厚实，层次丰富，具有立体感；凹印机结构简单，印刷耐印力高，印刷生产速度快，干燥迅速；凹版印刷成本较低，印刷材料的使用面广，可以承受的印刷面大。

图1-1　凹版印刷

因此，凹版印刷适宜于各种精美的图片，各种大幅面、大宗产品以及各种商品包装装潢品的印刷。凹版印刷常用于印刷有价证券、精美画册、塑料挂历和塑料包装袋等。

（四）孔版印刷

孔版印刷的印版上，印刷部分是由大小不同或者大小相同但单位面积内数量不等的网眼组成的（图1-2）。印刷时油墨涂刷在印版上，承印物放在印版上面，通过在版面上挂墨使油墨透过孔洞，转移到承印物上形成印刷品。由于在多种孔版印刷方式中，丝网印刷占有主导地位，因此孔版印刷又称为丝网印刷。

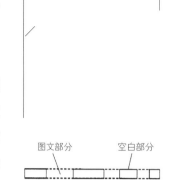

图文部分　　空白部分

图1-2　孔版印刷

丝网印刷的印版是将真丝、尼龙丝、聚酯纤维、天然或人造纤维和金属丝的网状织物作为板材，绷紧并黏固于特制的网框上，用手工、化学或照相制版的方法在网上制成版膜，再将图文部分的网膜镂空，非图文部分的网膜保留而制成的。印刷时，将油墨放入网框内，在印版的下面安放承印物，再将柔性刮墨刀在网框内加压刮动，使油墨从版膜上镂空部分"漏"印到承印物上，形成印刷复制品。

由于丝网印刷是通过版面网孔把油墨印在承印物上，因此丝网印刷的印刷品上油墨层较厚（其厚度约为平版印刷的5~10倍），图文略微凸起，不仅有立体感，而且色彩浓厚。丝网印刷适合在各种类型的承印物上印刷，不论承印物是纸张还是塑料，是软还是硬，是平面还是曲面，是大还是小，均可作为丝网印刷的承印物，此外，丝网印刷对印刷条件的要求很低，而且不需更多的设备便可印刷。因此丝网印刷应用范围十分广泛，有人称这种印刷方式是除了水和空气外，在其他材料表面都可以印刷的一种印刷方式。丝网印刷在商品包装装潢中占有特殊的地位，随着人们对商品及其包装装潢要求的提高，丝网印刷在包装装潢中的应用也越来越广泛。

（五）柔性版印刷

近些年，柔性版印刷作为凸版印刷的一种印刷方式，以其包装印刷领域独特的优势得到了长足的发展。

柔性版印刷与其他印刷方式相比，具有以下特点。

（1）使用柔软的高分子树脂版材（如美国杜邦公司生产的Cyrel版），较凹版印刷既降低了制版成本，又缩短了制版周期，且由于版材制造水平和制版技术的提高，网线版目前已经达到了175线的水平，足以满足一般包装印刷的需要。

（2）使用网纹辊传墨。网纹辊既是墨的计量辊，实现了与凹印一样的短墨路，又能按工艺要求准确供墨。目前采用激光雕刻的金属陶瓷网纹辊可达到1600线的水平，为精确控制墨色和墨层厚度提供了有利的手段。

丝网包装印刷
左上图、右上图　软塑包装
下图　铁质包装

（3）零压力印刷，既减少了机械的震动与磨损，减少了对板材的磨损，也扩展了印刷介质的范围，特别有利于柔性材料的印刷。

（4）窄幅柔性版印刷机还扩充了印刷机的功能，除印刷外，可以完成大量印后工艺，使柔性版印刷机成为集印机、印后加工于一体的生产线。

目前，柔性版印刷方式已广泛用于各类包装印刷产品。柔性版印刷能够完成几乎所有的标签印刷工艺，如模切、压凹凸、排废、上光、覆膜、揭膜然后翻转印刷再裱合等。另外，包装纸箱的印刷是柔性版印刷机另一主要业务来源，但那是另一种专用设备，从制版到印刷都与标签印刷设备有所不同。同时，适合窄幅柔性版印刷机的产品还有各类商品的纸包装、折叠纸盒（用于香烟、酒类、医药用品、化妆品、保健品等）、文具用品（信纸、表格、账簿等）、纸袋、纸杯、纸餐具、墙纸等。适合宽幅柔性版印刷机的产品还有各类塑料薄膜、真空镀铝膜、纯铝箔包装产品，如液体包装、婴儿纸尿布、女性卫生巾、日化洗涤用品及医疗用品包装等。

三、包装印前图文处理

包装印前图文处理主要是对各种原稿的图文信息进行恰当处理，使输出的图文质量和版式都符合复制要求的图文合一的晒版底片或印版。此工作须由印前图像处理系统来完成。

（一）印前图像处理系统的构成

一套完整的印前图像处理系统包括输入设备、计算机工作站、显示系统、各种存储器及各类打印机，还有能输出分色胶片的激光照排输出及印版 CTP 制版机。

1. 输入设备

输入设备主要是指印前图像处理系统中的图像输入设备，包括键盘、用于手绘的数码板、鼠标；用做色彩图像输入的电子分色机、色彩扫描仪、数字照相机和摄像机、录像机等。

2. 图文处理系统

图文处理系统是指印前图像处理系统中的计算机部分，它是印前图像处理系统的核心。目前应用于印前图像处理系统的计算机主要是高性能的 MAC 机、PC 和 SGI 工作站。

3. 输出设备

色彩印前图像处理系统的图像输出方法主要是预打样和图像记录输出。预打样主要通过各类色彩打印机打印输出；图像记录输出的设备主要有激光印字机、激光照排机和 CTP 直接制版机等。

4. 印前图像处理系统的软件类型

印前图像处理系统仅有硬件部分还无法工作，只有配置相应的软件才能完成图像、图形、文字的印前处理工作。常用于印前图文处理系统的软件有文字处理软件、绘图软件、图像编辑软件、色彩排版软件等。

（二）印前处理的工艺流程及注意事项

1. 印前处理的工艺流程

印前处理的工艺流程如下。

（1）设计稿。设计稿是对印刷元素，包括图片、插图、文字、图表等的综合设计。目前在包装设计中普遍采用计算机辅助设计，以往要求精确的黑白原稿绘制过程被省去，取而代之的是直观的运用计算机对设计元素进行编辑设计。

（2）照相与分色。对于包装设计中的图像来源，如插图、摄影照片等，

孔版印刷

柔性包装印刷

要经过照相或扫描分色，经过计算机调整才能进行印刷。目前，电子分色技术可达到精美准确的效果，已被广泛地应用。

（3）制版。制版方式有凸版、平版、凹版、丝网版等，但基本上都是采用晒版和腐蚀的原理进行制版。现代平版印刷是通过分色制成软片，然后晒到 PS 版上进行拼版印刷的。

（4）拼版。将各种不同制版来源的软片，分别按要求的大小拼到印刷版上，然后再晒成印版（PS 版）进行印刷。

（5）打样。晒版后的印版在打样机上进行少量试印，以此作为与设计原稿进行比对、校对及对印刷工艺进行调整的依据和参照。

（6）印刷。根据合乎要求的开度，使用相应的印刷设备进行大批量生产。

（7）加工成型。对印刷成品进行压凸、烫金（银）、上光过塑、打孔、模切、除废、折叠、黏合、成型等后期工艺加工。

2.印前处理的注意事项

印前处理的注意事项如下。

（1）关于分辨率。在计算机辅助设计中，插图的绘制有两种主要制作方法，一种方法是矢量图，使用 Illustrator、Freehand 或 CorelDRAW 等软件绘制而成，可以把图像放大许多倍而不会影响其清晰度；另一种方法则是利用扫描或电分的图片和插画，通过 Photoshop、Painter 等图像处理软件制作成位图图像。位图是由一个个像素构成的，不能像矢量图那样随意放大，所以，处理好图像幅面大小和分辨率平衡关系很重要。一般来说，至少需要 300dpi 的分辨率，才能展现出精美柔和的连续色调。因此，在对包装设计的图像进行处理时，应当设置合理的输出分辨率，才能达到精美的印刷效果。

（2）色彩输出模式。对于单色印刷品，输出单色软片就可以，但色彩印刷是通过分色，输出青（C）、洋红（M）、黄（Y）、黑（K）四色胶片进

桌面印前系统

行制版印刷的。因此，在图像设计软件中，将图像设置成与四色印刷相匹配的 CMYK 四色模式，才能得到所需要的四色分色片。

（3）专色设置。许多包装为了追求主要颜色的墨色饱和度和艳丽效果，通过设置专门的颜色印版来达到目的。对专版的印色，就要输出专色的分色片。输出的胶片通常是反映不出色彩的，应附上准确的色标，以此作为打样和印刷过程中的依据。

（4）模切板制作。通常在制版稿的制作中，将包装的模切板制作到同一个文件当中，以便于直观地进行检验，这时应专门为模切板设一个图层，分色输出时也专门输出一张单色胶片，以便于模切刀具的制作。模切板绘制的方法与纸包装结构图的绘制方法基本相同。

（5）"出血线"的设置。在制版稿中包装的底色或图片达到边框的情况下，色块和图片的边缘线应外扩到裁切线以外约 3mm 处，以免印刷成品在裁切加工过程中，由于误差而出现白边，影响美观。色块外扩到裁切线以外的边缘线称为"出血线"。

（6）套准线设置。套准线也叫做"套色线"。当设计稿有两色或两色以上的印刷要求时，就需要制作套准线。套准线通常安排在版面外的四角，呈"十"字形或"丁"字形，目的是印刷时套印准确。为了做到套印准确，每一个印刷包括模切板的套准线都必须准确地套准叠印在一起，以保证包装印刷制作的准确。

（7）条码的制版和印刷。条码必须做到扫描器能正确识读，因此，对制版与印刷有较高的要求。

作为包装设计师，为了在实际的工作中灵活地运用这些加工工艺，必须与印刷企业保持通畅的交流，充分了解和掌握各种印刷工艺的特点，以期达到独特的设计要求和理想的设计效果。

全电脑印刷机控台

过油机

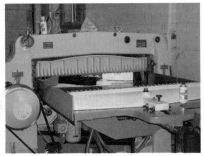
印刷机

电脑图文处理

电子分色

CTP 电脑直接制版

数码打样

冲版

直接制版系统

第二章
包装纸盒结构设计实训与操作

第二章 包装纸盒结构设计实训与操作

环顾国内外市场，各种消费品的纸盒包装最为常见，可谓琳琅满目，千姿百态。造型独特、装潢精美的纸盒包装充分发挥了市场促销优势，体现了商品的潜在价值。

从纸盒的结构形式来看，主要有固定式结构和折叠式结构两大类。

固定式纸盒（set-up carton），是使用黏接、缝合或订合等方法，使纸坯成型为盒。其结构外形固定，做工讲究，运输中和使用后不能被拆卸、折叠或压扁。它适合做保护性要求高的工艺品、礼品、手表、首饰、瓷器等华贵商品、脆弱商品的包装盒。固定式纸盒大多要求手工制作，生产效率低。

随着现代化工业的发展，折叠式纸盒迅速兴起。折叠式纸盒（folded carton），首先需要做纸盒开合过程的折叠程序设计，再将各种纸板材料，经过裁切、压痕、开槽等，一次加工成型。它在生产使用中可以被撑开、折叠，盒坯运输和用后处理时可被压扁。折叠式纸盒充分体现了创新性、方便性、实用性、节约性，适于工业化生产。

折叠纸盒的常态为直角六面体，结构分为盒盖、盒身、盒底三部分。下面就包装盒制作中常见的盒盖、盒底、盒身结构形式分别做介绍。

第一节 盒盖结构设计

一、常见折叠纸盒盒盖开启方式

常见的折叠纸盒盒盖可分为一次性开启式、多次开启式和第一次开启成新盖式三种。盒盖的固定方式有以下五种。

（1）利用纸板间的摩擦力，防止盒盖自动散开。

（2）利用纸板上的卡口，卡住摇翼，不至于自动散开。

（3）利用插嵌结构，将摇翼互相锁合，不让其自动散开。

（4）利用摇翼互相插撇锁合，不让其自动散开。

（5）利用黏合剂将摇翼互相黏合，不让其自动散开。

二、常见折叠纸盒盒盖的形式

折叠纸盒盒盖的主要形式有如下几种。

（1）插卡式封口。插卡式盒盖就是在插入式摇翼的基础上，在主摇翼插入接头折痕的两端各开一个槽口，这样当盒盖封合后，就可用副摇翼的边缘卡住主摇翼的槽口，主摇翼就不能自动打开了。插卡式结构同时利用摩擦力和摇翼之间的内摩擦力两种方法来固定盒盖，所以更加可靠。插卡封口式，如图 2-1 所示，插卡封口的槽口有隙孔、曲孔和槽口三种形式。另外，在插卡的基础上，结合盒身延长小插舌回插入盒盖与插舌折痕中间所开的插缝中，更加稳固了封合关系，在盒盖不会自动打开的同时，还能承担起较大的提拿重量，起到双重保险的作用。此法通常用在盒体较大、使用纸张较厚、有一定承重的纸盒封合处，如精密、易碎物品，小五金电器产品，数码产品的包装等。

（2）插入式封口。插入式盒盖在盒的端部设有一个主摇翼和两个副摇翼，主摇翼适当延长，封盖时插入盒体。插入式盒盖利用插入接头与纸盒侧面间的摩擦力，防止盒盖自动打开，以使纸盒保持封合状态。插入式纸盒盒盖开启方便，具有再封合功能，便于消费者购买时打开盒盖观察商品，可多次取用内装物。它属于多次开启式盒盖。如图 2-2 为插入式封口，图 2-3 为带保险插入式封口。

（3）插锁式封口。插锁式盒盖是插入式与锁口式相结合的一种盒盖结构。包装盒制作时，插锁式封口有几种变化形式。一种是在插入式的基础上，使用盒身上延长出来的摇动小插舌，插入盖板和插舌的折缝插槽中，使纸盒稳固封合而不会自动打开，这种方式也叫做双保险式封口，是常见的封合结构，固定可靠（图 2-4）。一种是插入式与锁口式相结合的盒盖结构。盒盖的两个副翼用锁舌互相锁合，而主翼则做简单插入，这种结构在玻璃瓶外用纸盒包装上用得较多（图 2-5）；还有一种是盒身为托盘式结构，盒盖为简单的插入结构，前端设计成特定插嵌钩锁结构，利用钩锁闭合（图 2-6）。除此之外，还有常见的小电器、电脑硬件、数码电器等高精密度、需要防护性能高的产品用到的一种插锁式封合方式，盒身大多为托盘式结构，盒盖为简单的插入结构，在盒盖两侧延伸出插舌，插入折合的双层壁板的盒身插缝中，多层围合且双插舌稳固封合，保护性能高，且外观简洁美观（图 2-7）。

（4）黏合式封口。黏合封顶式盒盖是特意将盒盖的四个摇翼进行黏合的封顶结构。黏合的方式，有单条涂胶和双条涂胶两种。这种盒盖的封口性能较好，往往和黏底式结构一起使用，常用于密封性要求较高的一次性包装，如感光胶片的小包装盒。这种结构适合在高速全自动包装机上包装，也常用来包装粉末状和颗粒状产品，如洗衣粉、谷类食品等，所以在管式折叠纸盒中用量很大（图 2-8~图 2-10）。

（5）双固定锁扣互锁封口。这是一种特殊的锁口方式，利用纸盒顶部相对的主摇翼，按设计做成锁舌和插缝，通过互相插入锁扣形成封合的纸

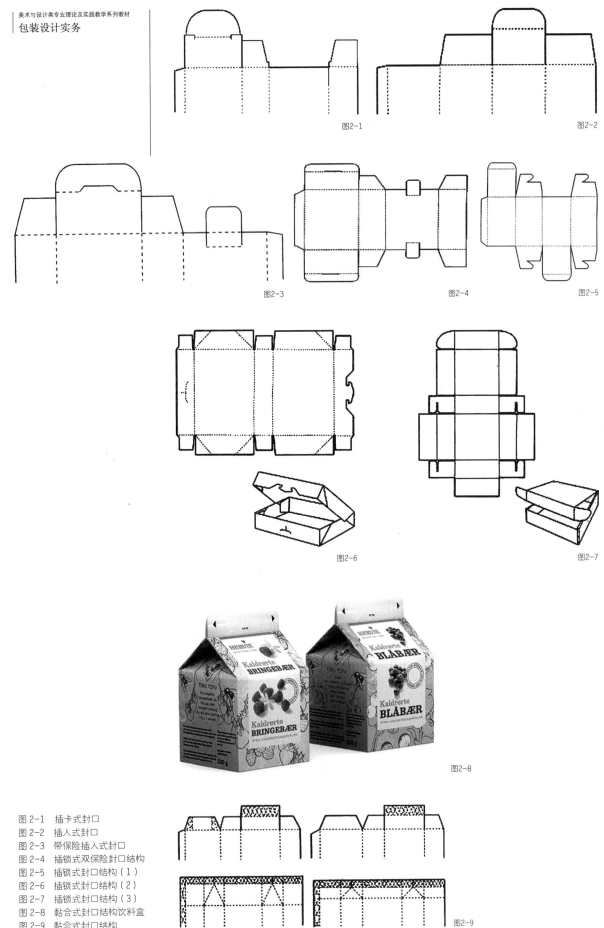

图2-1 插卡式封口
图2-2 插入式封口
图2-3 带保险插入式封口
图2-4 插锁式双保险封口结构
图2-5 插锁式封口结构（1）
图2-6 插锁式封口结构（2）
图2-7 插锁式封口结构（3）
图2-8 黏合式封口结构饮料盒
图2-9 黏合式封口结构

盒。此方式适用于生产线，多用于一些浅盘型纸盒封口结构中，如纺织品、印刷品等产品的包装（图2-11）。

（6）摇翼连续折插式封口。摇翼连续折插式盒盖是一种主要适用于正多边形管式折叠纸盒的盒盖或盒底结构，它是一种特殊的锁口方式。这种盒盖的特点是锁扣比较牢固，并可通过不同形状的摇翼设计，折叠后组成造型优美的图案，但是这种盒组装起来比较麻烦。它的设计关键在于必须根据橡胶垫的位置来设定摇翼的结构形状，原因是摇翼连续折插式纸盒的盒盖和盒底是纸盒的各个摇翼连续折插后，相互重叠而形成的。图2-12为连续折插式封口。

（7）摇盖帽式封口。摇盖帽式盒盖就是将一个主盒面的摇翼适当延长，通过折叠成型或黏合成型，将盒盖做成仰开式摇盖帽盒盖。这种盒盖在香烟包装中比较常见。图2-13、图2-14分别为黏合和折叠摇盖帽式封口。

（8）掀压式封口。掀压式封口盒盖应用时，一般盒盖和盒底都采用相同的结构，即将纸翼的顶边与底边做成弧线或折线的压痕，然后利用纸板本身的强度和挺度，掀压下两端的摇翼来实现封口和封底。这种盒盖操作简便，节省纸板，并可设计出许多风格各异的纸盒造型，但只适用于内装物重量较小的场合，如图2-15所示。

图 2-10　黏合式封口结构饼干盒
图 2-11　双固定锁扣互锁封口结构
图 2-12　连续折插式封口
图 2-13　黏合摇盖帽式封口
图 2-14　折叠摇盖帽式封口
图 2-15　掀压式封口

图2-10　　　　　图2-11

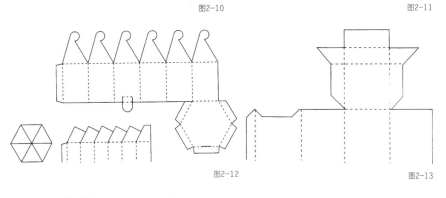

图2-12　　　　　图2-13

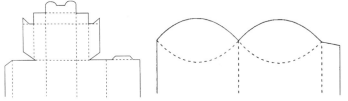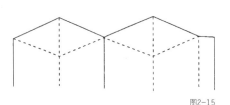

图2-14　　　　　图2-15

国外便携蛋糕点心包装纸盒
材料成本低，设计简单，只是纸板
的切割，方便携带，同时可以多次
用做其他的包装用纸。

国外便携蛋糕点心包装纸盒

第二节　盒底结构设计

　　纸盒盒底的主要功能是承受内装物的重量，并兼顾纸盒的封合功能。因此人们对盒底的要求，首先，要有足够的承载强度，保证盒底在装载商品后不会被破坏；其次，是盒底的结构要简单，因为盒底结构过于复杂，就会影响盒底本身的组装，从而降低生产效率；最后，盒底的封合方式要可靠，如果封合不可靠，就意味着商品随时可能掉出来。所以，根据包装商品的形态、性质、大小、质量等正确选择与设计纸盒盒底结构至关重要。

　　盒底结构主要分为框架式和托盘式两大类。

一、框架式盒底结构

　　框架式盒底是在框架型盒身的四个面的向下延伸处设计不同拴接方法的底部形式，这些结构可以单独使用，也可组合使用，有的还可运用为盒顶结构。具体结构可细分为以下几类。

　　（1）插口（插入、插卡）封底式盒底。

　　（2）插舌锁底式盒底。

　　（3）摇翼连续折插式盒底。

　　（4）连翼锁底式盒底。

　　（5）黏合封底式盒底。

　　（6）掀压封底式盒底。

　　以上同盒盖的结构原理。

　　（7）锁舌式盒底。锁舌式盒底是利用矩形管式折叠纸盒的四个底摇翼，将两摇翼做成插舌插入另两摇翼的插缝中形成封底（图2-16）。

　　（8）锁底式盒底。锁底式盒底主要用在矩形管式折叠纸盒上，不论这个底是平底还是斜底均可使用。锁底式盒底就是将矩形管式折叠纸盒的四个底摇翼设计成互相折插啮合的结构进行锁底。锁底式盒底能包装各类商品，且能承受一定的重量，因而在大中型纸盒中得到广泛应用，是管式折叠纸盒中使用得最多的一种盒底结构（图2-17）。

　　（9）自动预黏锁底式盒底。自动预黏锁底式盒底是在锁底式盒底的基础上改进发展而来的。它是在自动制盒机械生产线上经过模切、盒底折叠、盒底点黏、盒体折叠、侧边黏合等一系列工序加工成型的。其主要特点是成型以后仍可折叠成平板状，而到达纸盒自动包装生产线后，又可用张盒机撑开盒体，盒底即自动形成封合状态，这种盒底省去了锁底式结构手工组装的工序时间，是最适合自动化生产的一种结构（图2-18）。

　　（10）间壁锁底式盒底和自动间壁锁底式盒底。间壁锁底式盒底是将纸

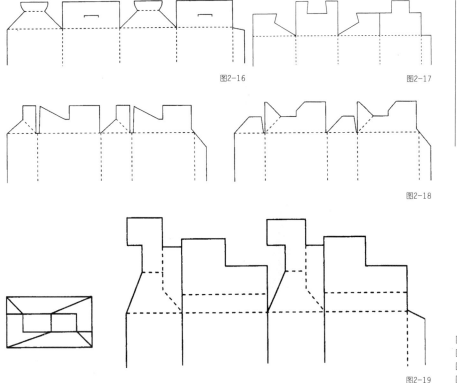

图2-16

图2-17

图2-18

图2-19

图 2-16 锁舌式盒底
图 2-17 锁底式盒底
图 2-18 自动预黏锁底式盒底
图 2-19 自动预黏间壁封底式盒底

盒盒底的四个摇翼设计成两部分，靠近底边的部分包装盒设计成盒底，另一部分则根据需要适当延长折向盒内，同时把盒内分隔成二、三、四、六、八等格的不同间壁状态。这种盒底能有效地分隔和固定单个内装物，防止振动而相互碰撞，起到良好的缓冲防振作用，并且通过间壁的组合有效地固定盒底（图 2-19）。

二、托盘式盒底结构

托盘式盒底结构的盒底或盒盖呈浅盘或托盘状，一般适合于扁平类商品的包装。托盘式盒底实际上是折叠扣盖式盒型的内盒，主要采用对折和倒角组装、侧边锁合、盒角黏合等成型方法，将四边的延伸部分组装成盒身而形成，有单层壁板和双层壁板以及中空上层壁板的结构（图 2-20）。其中利用侧边副翼插入盒端主侧板对折夹层中组装成型的对折组装方法很常见，这种结构完全靠对折锁合成型而无任何黏合结构。如图 2-21 所示是盒端对折组装盘式盒，它是对折组装盘式折叠纸盒的典型结构。

以上介绍了各种常见的盒底结构，实际应用时要针对商品的包装要求做灵活处理。

纸盒的盒底主要解决封底与承重的问题，盒身与盒顶则对纸盒的整体功能与货架起决定性作用。

国外牛奶折叠纸盒包装

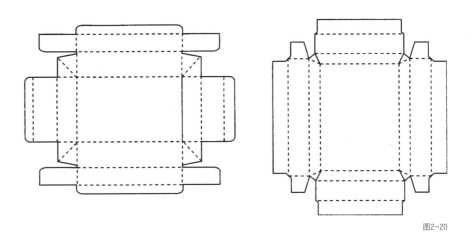

图2-20

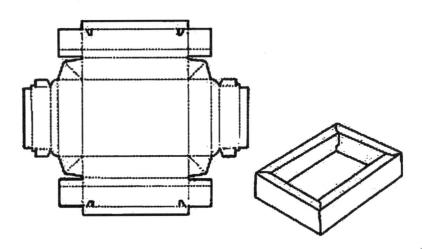

图2-21

图 2-20　托盘式盒底
图 2-21　盒端对折组装盘式盒

包装设计实务

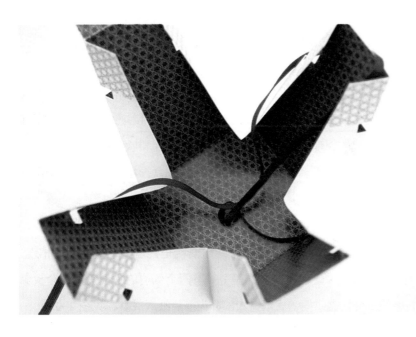

巧克力包装盒

国外蛋糕包装纸盒

国外创意折叠纸盒

第三节　盒身结构设计

　　包装纸盒的盒身，可通过在纸面上不同部位的切割、压痕或做不同切口线型的变化，获得各种盒体形状的变异。而各种体形的变化与创新都离不开立体构成的原理，但体形变化要兼顾实用性和欣赏性。设计师善于思维创新，就能开发设计出更多新颖、实用的纸盒形状。盒身形状示例见图 2-22 ～图 2-25。

　　现对几种常见的纸盒结构形式归类介绍如下。

　　（1）摇盖式纸盒。摇盖式纸盒，开启面就是其盒盖，它与盒身相连。摇盖的设计形式有：无侧边的平摇盖；具有两个侧边的平摇盖；几个折翼只有折叠的折合摇盖。摇盖式纸盒大部分为一片纸板成型，见图 2-26。

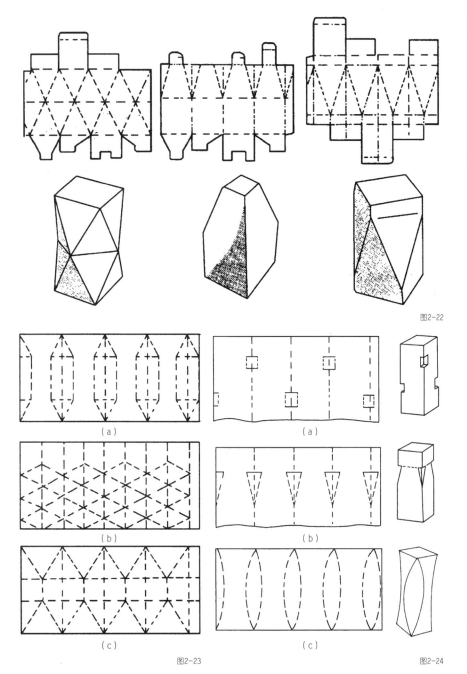

图2-22

(a) (a)

(b) (b)

(c) (c)

图2-23 图2-24

图2-22 盒身形状变异（1）
图2-23 盒身形状变异（2）
图2-24 盒身形状变异（3）

（2）扣盖式纸盒。扣盖式纸盒由两块纸板分别折叠成盖和底两部分，上下套合而成。这种纸盒的盖与底不用时都可以压成平张，运输方便。在开启与套合时非常方便，适合装比较扁平（高度远小于长宽度）的商品，见图2-27。

（3）便携式纸盒。手提便携式包装盒，顶部设计有提手部分，其最大特点是选购与携带十分方便。提手主要是由盒盖顶部相关部件穿插而成，也可后安装上去。这种盒型实际是从摇盖式纸盒改变演化而得，是现代相当流行于食品、小商品包装的纸盒结构形式。用瓦楞纸板制造的便携式纸盒（箱），还广泛用于家用电器、五金用品、成套玩具等中型商品的包装。实例见图2-28。

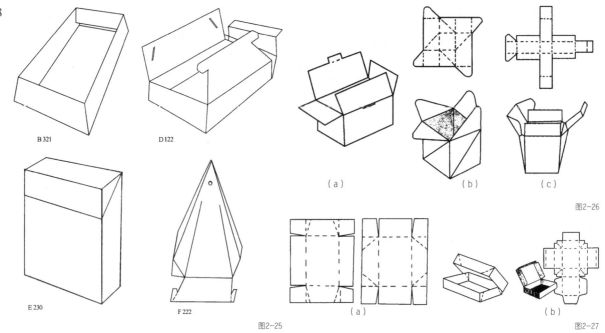

B 321 D 122

E 230 F 222

图2-25

（a） （b） （c）

图2-26

（a） （b）

图2-27

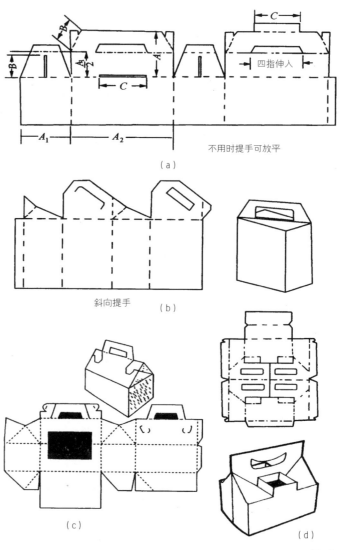

四指伸入

A_1 A_2

不用时提手可放平

（a）

斜向提手 （b）

（c） （d）

图2-28

图 2-25　ECMA 盒型示例
图 2-26　摇盖式纸盒
图 2-27　扣盖式纸盒
图 2-28　便携式纸盒

（4）抽屉式纸盒。抽屉式纸盒又称中舟式或火柴盒式纸盒。它由两个部件组成，一个是外壳（盒身），另一个是抽匣（浅盘式内盒）。外壳经印刷或裱糊后制成，有良好的装饰性，内盒具有保护性。抽屉式纸盒由于是双层结构，又如同抽屉，因此使用方便，结实可靠，可广泛用于各种食品、药品、烟、酒、礼品、工艺品、服饰件、书籍、小五金等包装。实例见图 2-29。

（5）开窗式纸盒。开窗式纸盒，是在主要面上开一窗口，形成可透视状态，充分显示内装物品的形状，便于消费者直接识别。它打破封闭式包装不打开包装盒不能见到商品的老框框，受到顾客欢迎。开窗孔的大小与位置可根据商品的特点与装潢要求来决定，其结构要合理，不因开了窗而削弱纸盒整体强度和基本封闭性。详见图 2-30。

（6）陈展式纸盒。陈展式纸盒又称陈列式或展销式纸盒。它比开窗式更进一步、更开放，可充分显示商品的形态。这种纸盒有两类，一类是带盖的，展销时可以把盖打开，展示内容物品，运输时又可合拢封闭；另一类是不带盖的，不像传统的纸盒，更像一个托盘或货架，纯粹为裸货陈列，让消费者一目了然，方便选购。这种结构加上装潢优美的图文，能起到陈列、宣传、推广商品的作用。实例见图 2-31。

（7）易开启式纸盒。易开启是现代包装的特点，作为特别方便开启使用的易开启式纸盒很受消费者欢迎。这种纸盒的设计，除了纸盒的结构强度基本要求外，主要考虑采用何种易开启结构。易开启的基本形式包括撕

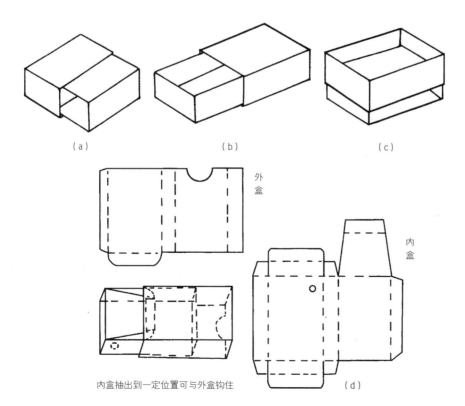

（a）　　　　　　（b）　　　　　　（c）

外盒

内盒

内盒抽出到一定位置可与外盒钩住　　　　　　（d）

图 2-29　抽屉式纸盒

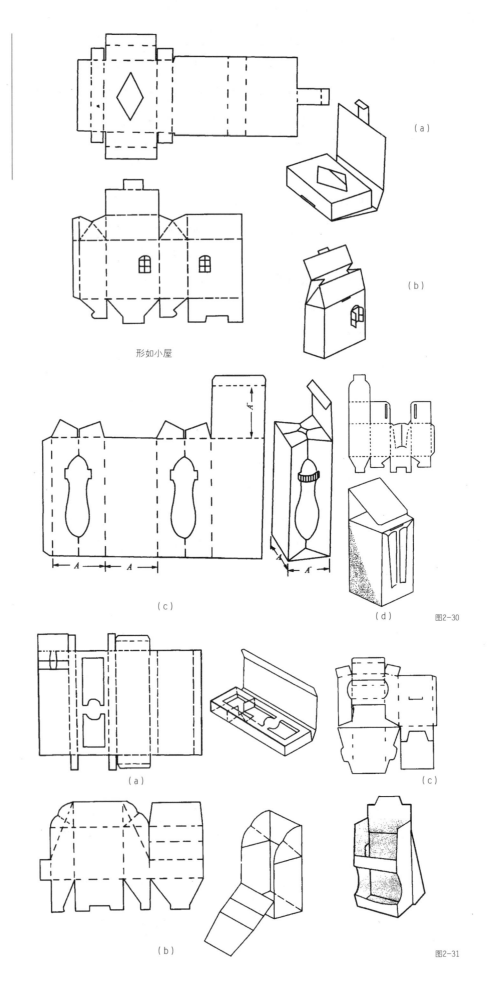

形如小屋

（a）

（b）

（c）

（d）

图2-30

（a）

（c）

（b）

图2-31

图 2-30　开窗式纸盒
图 2-31　陈展式纸盒

裂口、半切缝、打孔线、撕裂打孔线。这些易开启形式可以单独采用，也可组合使用，有些撕裂打孔线可作为纸盒某部分的分离边，使纸盒形成POP效果。详见图2-32。

（8）吊挂式纸盒。吊挂式纸盒就是利用盒盖上端部位，设计成可在墙面或空中悬挂结构的一类盒型。这种纸盒具有引人注目的效果。实例见图2-33。

（9）多件组合式纸盒。多件组合式纸盒（纸容器），特别适于盛装体积不大、需要多件组合销售的杯、瓶、罐装的硬质易损商品，也适于盛装需要多件成套销售的商品，如玩具、生活用品、模型材料等。多件组合式纸盒（纸容器）一般为一纸成型，利用内容物的外形（如圆柱体），加以分隔排列定位，可单列可多列。详见图2-34。

（10）异形式纸盒。异形纸盒与常见的基本纸盒结构类型有明显的变化，主要通过压痕、切口、折叠时线型的变化创新，使纸盒形成奇特的体

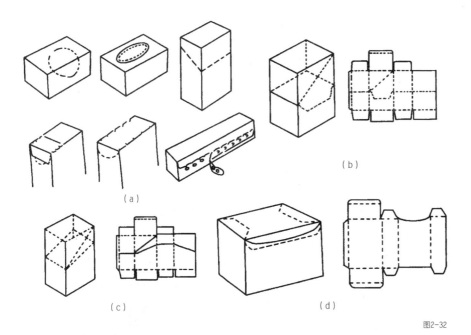

（a）

（b）

（c）

（d）

图2-32

图2-33

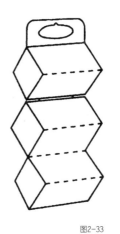

图 2-32 易开启式纸盒
图 2-33 吊挂式纸盒

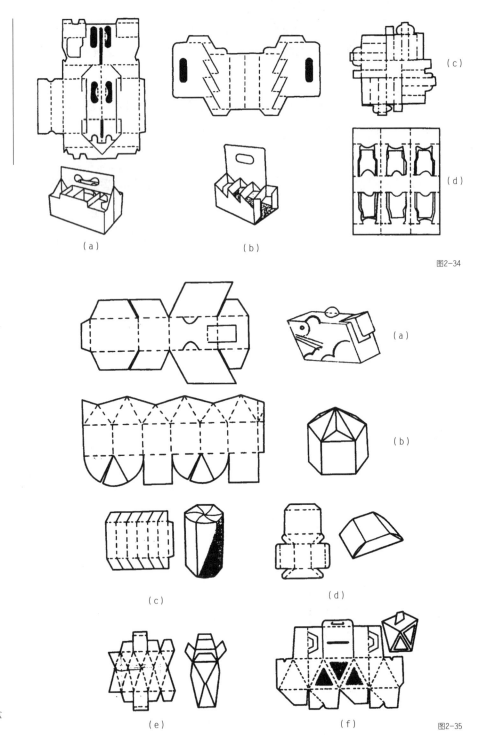

（a）　　　　　　　　　（b）

（c）

（d）

图2-34

（a）

（b）

（c）　　　　　　　　　（d）

（e）　　　　　　　　　（f）　　　　　图2-35

图 2-34　多件组合异形式纸盒
图 2-35　异形式纸盒

形与构造。再配以新颖工艺、精巧制作，给人耳目一新的感觉。它的结构造型本身提高了商品包装的艺术观赏性和实用方便性，并为多种形态的商品提供多功能的包装方式。详见图 2-35。

第四节　典型纸盒类型设计

图 2-36 ～图 2-38 为更多的包装盒图样，供设计参考。

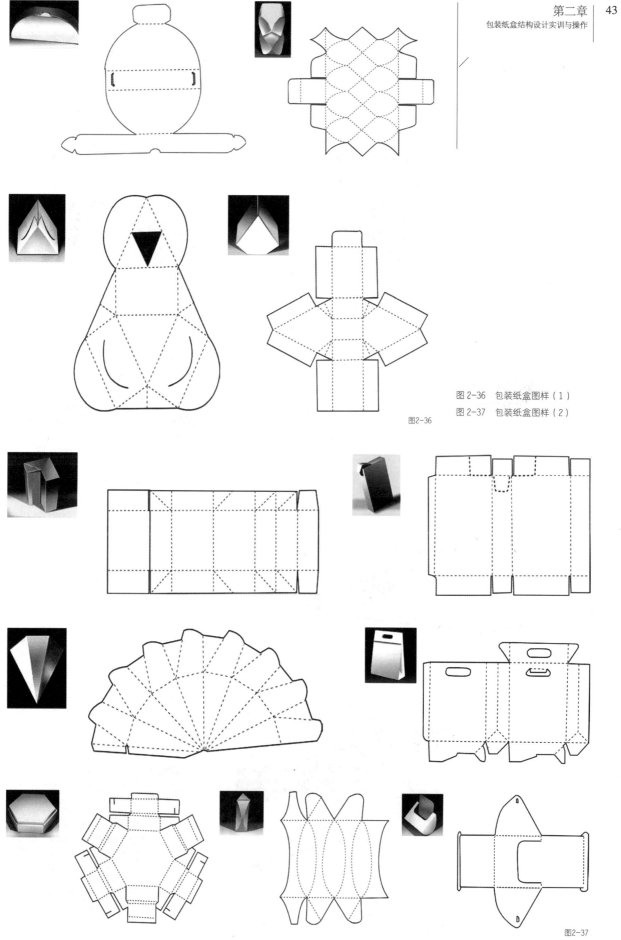

图 2-36　包装纸盒图样（1）
图 2-37　包装纸盒图样（2）

图2-36

图2-37

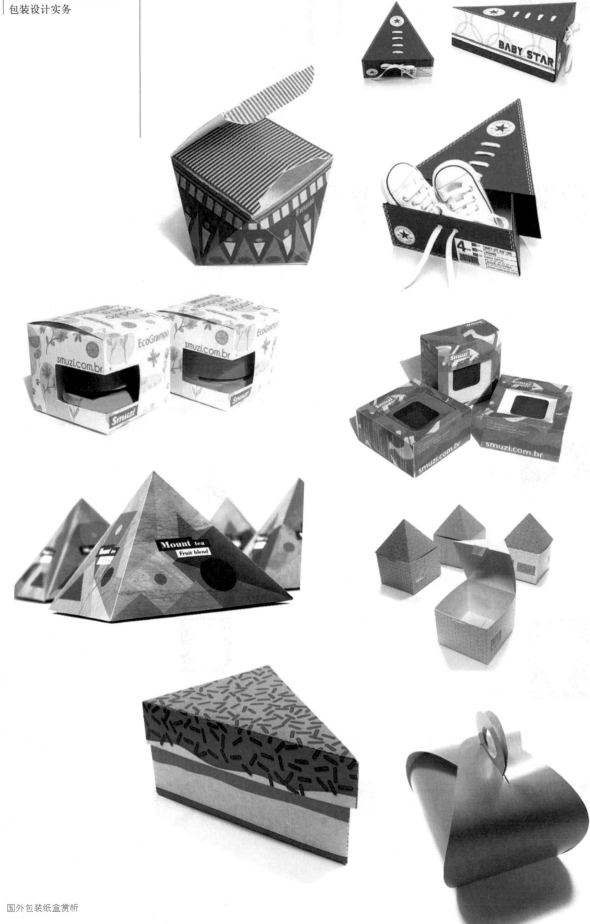

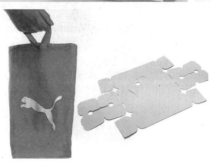

国外富有创意并且实用的 PUMA 鞋
盒包装
一个箱包组合包括一个平面的纸
板，可以折叠成一个盒子的结构，
预制用来包装鞋子，体积正好适合
放入预放的包装袋子里面，完美地
保持了存放鞋子的盒子的形状。包
装纸板存、取、放、运输、制作
都极其方便，而且节约原材料。

国外蛋糕包装纸盒
这些五颜六色的彩色纸盒折叠成六
面体、七面体，用以包装蛋糕。

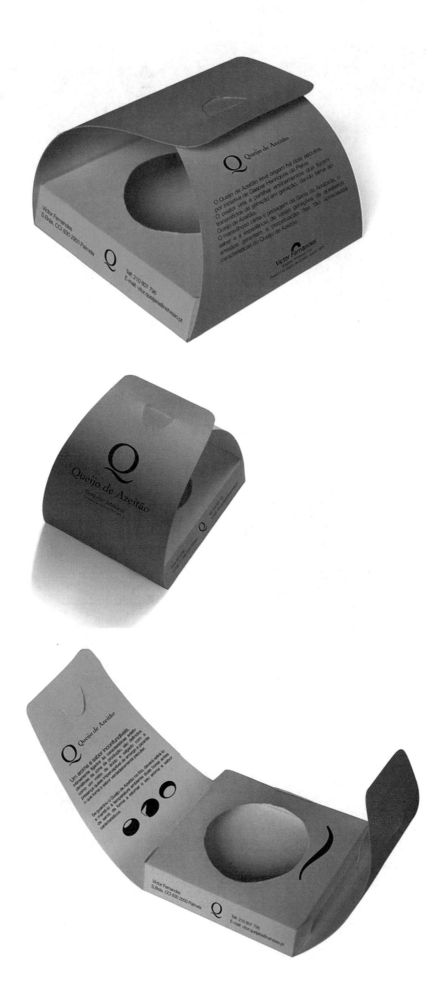

国外奶酪包装纸盒
此包装采用回收的纸板包装，无
胶水手工折叠，生态环保。

第三章　包装容器设计实训与操作

第三章　包装容器设计实训与操作

　　包装作为一类从属于一定产品的物质实体，不可避免地要通过特定的材料、形态、结构体现出来。所谓的包装造型，就是指各类物品通过包装所呈现的外观立体形态。包装是以盛装、容纳、保护物品，方便流通与消费，促进销售，满足人们的物质与审美需求为目标的。依据特定物品包装的实用功能和审美功能要求，采用一定的材料、结构和技术方法塑造包装的外观立体形态的活动过程，就是包装造型设计。包装造型设计主要研究各类包装容器造型的基本规律与法则。包装容器作为一类工业加工制品，在造型设计上与其他的日用器具造型设计具有相同的原理与方法，可以相互借鉴。

第一节　包装容器造型方法实训与操作

　　容器是日用器皿中的一大类，其他还有：盛器——以盛装固体物为主，口部敞开、器形扁平、深度较浅的盘、碟式器皿；注器——以注出液体机能为主，同时具备较大的容纳性能、有流口的器皿，如油壶、茶壶、汁斗等；汲器——以汲取的机能为主，一般有把手或把柄以便手拿汲取，并具备一定容量的器具，如各种材质的勺子、瓢、把缸、把杯等；祭器——以适应祭奠活动烧香、插蜡烛、焚烧祭品（纸制衣、帽、鞋、袜、用品等）的香炉、烛台、火盆、打击乐器造型等几大类。瓶罐式包装容器，是指容器中专门用于转移流通和消费产品的部分容器。它在造型规律与基本方法上与日用器皿没有原则性区别，设计更单纯专门化一些，同时，更要思考安排印刷或粘贴商品标签的部位问题。人们在长期的日用器皿与包装容器设计中实践探索，总结积累了多种容器造型方法，相互间都有一定的联系和相对性，不能截然分开。

　　器物的形态大体分为均齐型与平衡型两大类。就其外轮廓线来看，则有直线型、曲线型、曲直线型三类，这三类线型又可以体现为几何形构成或模拟自然物形象构成。立体造型的具体方法有几何形造型法、三视图造型法、容器部位分段造型法、器形渐变造型法、形面装饰线造型法、模拟自然形态造型法等。

一、几何形造型法

　　几何形造型法，首先以三角形、圆形、正方形为三原形；再以三原形为基础，进行分割、组合、变化，可以得出多种混合形，传统上即称为器

以圆形、长方体为基础的包装容器造型

物的基本形；最后将这些基本形进行组合、改变、调节，塑造出更多的不同形态作为器物造型。因此这种造型方法也称为基本形造型法。由于现代器皿的造型丰富多样，一般基本的几何形态都已在器皿设计中应用生产，因此，在器型的差异化设计中更多的是对器物进行细部变化的微妙精细设计，或者采取几何造型与局部模拟自然形态相结合的造型方式，以求得造型设计上新的突破。

几何形造型作为一种造型思维方法，在设计应用中还需要结合具体产品、器型的用途、材质、目的，适时灵活地把握容器整体造型的实用功能与差异化的审美艺术效果，塑造新颖、实用、美观、安全、方便、经济、环保的包装容器。

二、三视图造型法

三视图造型法是通过对容器的俯视投影图或主视与侧视投影图的任何一个形面进行改变，形成新形态的一类造型思维与设计方法。这种方法可以在已有容器造型的基础上，也可在新开发设计的容器基础上，改变其中一个视图（例如俯视图）的形态设计出新的造型，也可以改变两个视图（例如主视图和俯视图或侧视图）的形态而产生更大的造型变化。

（1）俯视图造型法。也称为截面投影造型法。这种造型方法从应用和审美的角度，对俯视图的形面进行均齐对称的几何形变化，或对某一边线进行线形变化，塑造出丰富多变的新形态，从中选择适合的造型（图3-1）。

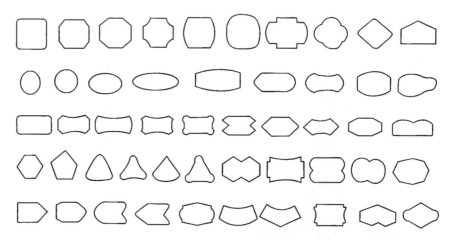

图3-1 截面投影造型变化

（2）主视图（也称正视图）与侧视图造型法

对于均齐对称的方、圆柱式或球体等主、侧投影图相同的容器造型，只要改变正视图的面形或边线形态，就会使容器的整体形象发生变化；而对于正视与侧视形态有别的器型，改变正视面与侧视面两方面的面形或轮廓线形，则可获得更丰富多样的新造型。

三、容器部位分段造型法

容器部位分段造型法，顾名思义，就是对容器的各个组成部位进行不同形态的变化设计，改变包装容器形态的方法。一般情况下，瓶罐式包装容器的外部形态包含盖部、口部、颈部、肩部、胸部、腹部、足部、底部八个部分。对其中任何一个部位的形态进行改变，都会产生不同的视觉感受，影响容器造型的变化。无论是瓶罐式包装容器的改进性设计，还是开发性设计，首先需要根据内装产品的性质、形态、用途和消费要求，确定瓶罐容器的类型，如广口瓶、小口径长颈瓶、肩盖瓶、广口大腹罐等，然后在此前提下再展开容器的造型设计。对于改进性的容器造型设计，采取分段造型是最方便可行的方法，可以取得事半功倍的效果。

（一）盖部造型

盖是容器整体造型的重要组成部分，所有的瓶罐包装容器口部都需要从实用出发，一般采用圆形直口或宽沿口形，并且必须通过盖部封合、密封保护内装产品。因此，包装容器的盖子就像人戴上不同样式的帽子，会产生不同的气质。在包装容器设计中通过对盖部形态的个性化塑造，不仅能影响容器整体形态的变化，还可以取得令人注目的新颖效果。然而瓶罐盖子的设计不能孤立地进行，必须结合容器内装产品的性质、用途、密封、开启、安全、消费使用要求，结合瓶罐口的大小、颈部的长短、审美象征、容器整体造型与结构的特点等综合思考，相对独立地进行瓶盖形态设计与装饰变化，塑造既新颖美观富有个性特色又与整体统一和谐的盖型。

按瓶罐口和盖子覆盖容器部位的类型特征，主要有口盖、颈盖、肩盖和异形盖四种（图 3-2）。瓶罐盖部造型的变化主要取决于盖顶、盖的棱角、盖体三个部位的线形、面形的变化，对瓶罐盖子任何部位的线形、面形进行改变，都会使人对整个器形产生不同的感受。

（二）颈部造型

容器颈部的造型设计可以不改变器形的其他形线，而只改变容器颈部的形线走向，从而创造出新的容器造型；同时，借鉴不同形态容器颈部造型各异的方式，都会改变对原有器形的感受（图 3-3）。

容器颈部的形线变化及其造型，取决于容器适用类型与消费方式的整

图 3-2　包装容器的不同瓶盖造型

图 3-3　不同的瓶颈造型变化

体造型定位，根据实际需要可分为无颈型、短颈型和长颈型。颈部线形是
从衔接瓶口至颈肩之间的轮廓线形与面形，无颈型瓶罐直接进入肩部造型；
短颈型容器（绝大多数的广口瓶罐）有较短的颈部，形线比较简单，变化
不大，主要是结合盖部封合与开启结构需要做局部线形变化；颈部造型主
要体现在长颈型容器造型之中，如容装防止挥发，方便把握注出量的各种
饮料酒瓶，酱、醋瓶，香水瓶等包装容器，可结合实用与审美需求，对瓶
颈的外形线、面进行曲直收放变化与面线装饰。

（三）肩部造型

包装容器的肩线是容器外形中角度变化最大的线形，它对容器造型的
变化起到很大的作用。

容器肩部是上接容器颈下连容器胸的重要部位，在设计时需要考虑与
这两者之间的协调过渡关系。通常瓶罐式容器肩部的线形有平肩形、抛肩形、
斜肩形、美人肩形、阶梯肩形等多种肩部形态。不同的肩部造型，可以使
得整个瓶形具有不同的气质，如"平肩"使肩部趋向水平，使得整个瓶形
具有挺拔、阳刚的气质；"斜肩"则使整个瓶形具有自然洒脱的特性；美人
肩则具有古典苗条柔和之感等。通过对容器肩部的长短、角度以及曲直的
变化可以产生很多不同的肩部造型（图 3-4）。

图 3-4　不同形态的肩线造型

（四）胸部与腹部造型

　　胸部与腹部造型即瓶罐身部造型，容器的胸腹部位是包装容器的主要部位。对于大部分容器来说，这两个部位的形线常常紧密相连，形线变化直接相关，所以造型时可以分开考虑，也可以合并考虑。

　　容器的胸腹部造型归纳起来有直线单曲面造型、直线平面造型、曲线平面造型、曲线曲面造型、折线造型、正反曲线造型等不同的线形表现类型。容器胸腹部位的造型，要同时注意考虑产品标签的部位与面积，以利于后期贴标或印标的设计与加工生产。容器胸腹造型设计还要考虑人体工程学的因素。消费者在抓取容器的时候，一般都会接触容器的胸腹部位，所以该部位的设计应注意消费者使用握持器身时的手感，以便使用（图 3-5）。

图 3-5　胸部与腹部造型

（五）足与底部造型

瓶罐的足部上接瓶腹，下接底部，是容器稳定性和造型设计的重点部位。容器底足的上端（即器身的下部），可以采用直线平面、曲线平面、曲线正反曲面等手法塑造出新的足部形态。一般的瓶底多采用内凹形态，大口径的罐子则平底较多，同时，足部与底部的形态、大小还直接关系到容器的强度和稳定性能（图3-6）。

图3-6　不同的瓶足与底部造型

上述按瓶罐容器部位分别造型的方法，作为一类造型思维方式，本身具有一定的相对性和局限性。在设计过程中各个部位是相互关联的，没有绝对的界线，始终应从器型的整体应用与审美效果出发，处理好局部与局部、局部与整体的统一和谐关系。

四、器形渐变造型法

器形渐变造型法是一类有序的造型方法，也是解决系列化包装容器造型共性联系和个性化差异特色，最实用、最行之有效的设计方法。所谓系列化包装容器，就是以多样统一的原则，对多件容器形态采用统一的线形或面形视觉联系特征，而又使其各具相对独立差异特色的一类包装容器。在同一企业品牌的同类产品、配套产品包装中应用很广。具体造型方法是以已设计或选定的一个器形为基础，再在图面等距离内画若干条瓶形设计的中轴线；然后再找出器形特征关键的形线接点和切点，由这个点（或几个点）作一定的斜直线、曲线或几种曲线和直线、折线的组合线；设定的方法可采用等距离或数列渐变距离，进而采取切点与接点渐变造型的方法，有序地设计演变出多种相近似的不同容器造型（图3-7）。

五、形面装饰线造型法

形面装饰线造型法，是采用凹凸的装饰线形打破器形的平面形态，分割改变容器的面形，加强器形立体形态的虚实装饰美感的一种造型方法。一般在高档酒、化妆品等产品包装容器设计中应用较多，也有采用浮雕或阴刻式装饰纹样手法巧妙塑造容器形态的。这种造型方法，在设计中要特别注意符合和方便模具生产的工艺要求（图3-8、图3-9）。

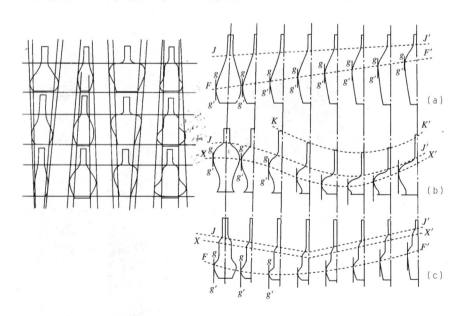

图3-7　器形渐变造型

图 3-8 詹姆斯·马丁 20 周年限
量版礼品包装 此包装利用凹凸
线条，打破包装容器中规中矩的
方形外观，呈现阶梯状的形状，
别致精美

图 3-9 阿尔曼德布莱尼亚克香槟
酒包装 此包装在容器外表面采用
浮雕的传世手法，使香槟酒的包装
豪华且不落俗套

六、模拟自然形态造型法

人们生活的自然环境中，有许多美好的事物，如瓜果、花木、动物、人物、各种器物、图形、房屋建筑形象等。在这些事物中都不乏使人得到美的享受和模拟塑造启迪的素材。巧妙地模拟自然物象形态塑造容器造型，具有形象生动、活跃产品气氛、富于生活情趣、引发美好联想的特点，是器物造型的重要方法之一。模拟自然物象进行容器造型设计，要注意根据内装产品的性质、用途以及消费要求，巧妙地选择与内装物品相融合适应的题材形象，形象地体现内装产品的特色，增强产品与包装容器的个性化情趣（图 3-10）。

组图 3-10　模拟自然形态的容器造型

上两图　日本饮料包装，模拟葫芦形象造型，同时随瓶附有一根手带，左边是 2007 春夏款，右边是 2006 秋冬款。

左下图、下中图　日本笹とお茶饮料包装，模仿竹子造型。

右下图　日本三得利 Let's 低糖饮料，模仿哑铃形状。

在瓶罐式包装容器设计中，无论玻璃、陶瓷，还是塑料瓶罐，一般的造型结构从瓶口、瓶颈到瓶肩、瓶胸、瓶根，每个部分的衔接与转折部位都是采用圆弧线过渡，瓶底则采取内凹形态。这样不仅有利于生产脱模，还有利于增强容器的强度。只有瓶罐的胸部下段与腹部上主部位可作直线造型，以便贴标签或印刷标签。

国外豆奶容器包装设计

此款酒瓶是根据古典名著《水浒传》中的历史人物阮氏三兄弟塑造而成，造型独特，人物形态各异。三个不同的人物，三款不同的酒瓶组合在一起，形成一幅水上渔船的微妙画面。酒瓶既可以分开单独使用，又可组合，设计巧妙。

第二节　包装容器模型的制作

　　为表达容器设计的立体效果，在不同的环境条件下，制作模型的材料方式也不尽相同。如采用黏十或陶泥手工制作泥质模型；运用木材通过手工或器械制作木质模型；利用有机玻璃和高密度塑料通过车床机械加工，制作玻璃或塑料容器模型；有条件的还可以采用机械自动化造型和使用现代新型材料制作器皿模型。应用最广而简便普及的是石膏模型。

一、石膏模型的特点

　　用石膏材料加工制作模型的特点有：具有一定强度，成型容易；石膏成型后比较坚实，不易变形，容易加工并可涂饰着色，可进行相应细小部分的刻画；价格低廉，便于较长时间保持。以石膏材料制作的模具可以对模型原作形态进行忠实翻制。不足之处是石膏模型体较重，怕碰撞挤压。石膏模型一般用于制作形态不太大、细部刻画不太多、形状也不太复杂的包装模型。

二、石膏模型的制作

（一）工具的置备

　　石膏模型制作常用的材料工具有石膏粉、围筒、搅拌棒、各种雕刻刀和工具刀、有机片、内外卡尺、手锯、乳胶、水墨砂纸、直尺、铅笔等。

（二）成型方法

　　石膏模型的成型方法有三种：雕刻成型法、旋转成型法、旋雕成型法。雕刻成型法是根据塑造对象的体量，先浇筑完成石膏坯形，然后再雕刻成型。旋转成型法是将石膏坯形固定在旋轮上，制作者持刀具进行石膏的切削加工。圆形的包装容器大多采用此法。旋雕成型法是先旋制出所需基本形体，再运用雕刻成型法加工。

（三）制作过程

　　下面简单介绍石膏表现模型的制作过程。

　　（1）根据容器体量大小，确定所浇筑的石膏容量。按照水和石膏为1：1.3的比例，将适量的石膏粉层层撒入清水桶中。然后迅速同方向搅拌，使水和石膏混合均匀。注意调出的石膏浆流动性要好，以便排除气泡，并去除上浮杂质，使石膏坯形表面光洁。

　　注意：根据石膏性能和需求不同，可适当调整水与石膏粉的比例；水与石膏粉一经搅拌，不宜再加入石膏粉，否则会出现硬块，影响模型制作；石膏浆过稠时，可以加入一定分量的水再搅拌，但动作一定要快。

（2）将水和石膏调成较黏稠状，把浮在上面的污物去掉，然后倒入事先准备好的围筒内。动作要迅速，待石膏浆凝固成型但还未硬结时，把围筒取下。先留有余地旋出基本形，或用雕刻制作成造型粗坯形。

注意：石膏粗加工成坯时，注意留有余地，以便后期调整比例关系。

（3）根据设计意图，细致加工成型。待成型后先用粗砂纸打磨，而后用细砂纸深加工，直至最终成型。最后，根据设计需要，可选择制作肌理效果或喷涂上相应色彩。

注意：深入加工时，操刀要稳，进刀不可太快，用力要均匀。多用刀尖，少用刀刃，避免出现跳刀的现象。造型过渡变化要流畅、均匀，石膏体不要有凹凸不平或不连贯的现象。

制作石膏模型可以将包装容器的造型体和顶盖一起加工制坯，而后雕刻成型。也可以把造型分解来分段制作，然后进行黏合，即粗型制完后可以趁湿用石膏将各部分粘接，也可以待干燥后用乳胶粘接，然后，待石膏干透后用细砂纸进行打磨即可。

三、有机玻璃等其他材质模型的制作方式与途径

在制作包装容器模型时，除石膏模型，有机玻璃等其他材质模型也比较常见。有机玻璃制作模型，需要求助机械加工师傅，根据图纸，圆形的利用车床直接加工，非圆形的部分利用刨床，或请钳工师傅等采用其他的加工方法。完成之后再经抛光，就成为逼真美观的玻璃容器模型。木质模型则需要采用易于加工的木质材料和锯子、刨子、木锉、木砂纸等木工工具，或请木模师傅、车木师傅按图纸造型尺寸加工制作基本模型，再做后期必要的精细加工和上色喷漆等工艺处理。

总之，制作容器立体模型的目的在于表达容器的基本效果，没有固定的模式，设计师也不可能什么材料都会加工制作，只能根据具体环境条件，借助相关的工艺技术人员，尽可能地制作出逼真体现容器质感效果的模型，作为审定和生产实施的参考依据。

第三节 人体工程学与包装容器

一、人体工程学

人体工程学是研究"人—机（泛指人造的物品）—环境"的一门交叉性学科。在我国，由于资料来源及研究、应用的侧重点不同，因此译名不尽相同。人体工程学也称人机工程学、人类工程学、人间工学或工效学。目前国际上较为通用的名称是采用西欧各国的命名 ergonomics，它是由希

腊语中的两个词根"ergon"（工作、劳动）和"nomics"（规律、效果）构成的，即探讨人们的工作规律，劳动或工作效果、效能的规律性。

人体工程学研究的中心问题是优化人际关系，把人的因素作为产品设计的重要参数，从而为产品设计提供一种新的理论依据和方法。为了对人体工程学的认识更加明确，国际人类工程学学会（International Ergonomics Association，IEA）界定本学科研究的范围为："人体工程学是研究人在某种工作环境中的解剖学、生理学和心理学等方面的各种因素，研究人和机器及环境的相互作用；研究在工作中，家庭生活中和闲暇时间内怎样统一考虑工作效率、人的健康、安全和舒适等问题的学科。"由此可见，人体工程学的研究范围很广，涉及的学科领域很多，是一门多学科相互渗透的交叉性学科。

"以人为本"，为人服务，人体工程学强调从人自身出发，在以人为主体的前提下研究人们的衣、食、住、行以及一切生活、生产活动中综合分析的新思路。该学科不仅要求设计满足基本的功能性，还要从人的生理及心理舒适、协调出发，努力追求人和物组成一体的人—机—环境系统的平衡与一致，从而使人获得生理上的舒适感和心理上的愉悦感，这是现代设计的必然趋势，也是包装造型设计所必须遵循的基本原则。商品理化性能、用途、使用对象、使用环境等，均应成为包装造型设计的考虑范畴。小到一个盖子，大到整个形体，都要使造型更好地体现宜人性的设计理念。人—机—环境是密切地联系在一起的一个系统，今后"可望运用人体工程学主动地、高效率地支配生活环境"。

二、包装容器

人体工程学是根据人的解剖学、生理学和心理学等特性，了解并掌握人的活动能力及其极限，使生产器具、生活用具、工作环境、起居条件和人体功能相适应的科学。实际上人们对人体工程学的研究涉及面很广，与人类生活有关的各个方面都是研究对象。因此，人们提出现代设计的任务就是造型与人相关功能的最优化，设计是针对人的行为方式与造型环境的相互作用，它的内容既包含理性因素，又包含大量直觉和情感因素。体现在容器设计上就是大小应适合实用和审美要求，触觉舒适，使用方便，符合生理与心理要求等。包装容器中的人体工学主要体现在手与包装容器造型的关系上。只有通过手的各种动作，才可随心所欲地接触、拿取商品。手对容器的动作实际上很多，总结为以下几种：

触摸的动作——探摸、抚摸；

把握的动作——开启、移动、摇动；

支持的动作——支托；

加压的动作——挤压。

手所触到的容器造型部位，必须考虑手幅的宽度和手的动作，设计时要考虑手部相关的测量参数。如表 3-1 所示，人体尺度是人体工程学研究的最基本的数据之一。容器的直径由所装盛的容量决定，特殊用途的容器除外。一般来说容器的直径最小不应小于 2.5cm，最大不应超过 9cm，否则拿取容器容易从手中滑落。容器直径适中，才能发挥最大的效用。容器的直径和长度还与握力有关，需用很大握力的容器，把持时要将手指全部放上，因此，这类容器的长度就要比手幅的宽度长；无须很大握力的容器，把持时只需要把必要的手指放上，或用手掌托起，容器长度则可短些。

表 3-1 手部参数

成年男女手幅与手部测量参数		
性别	型号	参数数值 /cm
男	大	9.7
	中	8.7
	小	7.6
女	大	8.7
	中	7.6
	小	6.6

玻璃包装容器有各种各样的旋拧盖，设计时，考虑手掌及指尖的抓握运动，还要考虑盖的形状和大小，如图 3-11 所示。另外，由于年龄、性别的差别，把握力度也不同，设计时都要注意考虑。

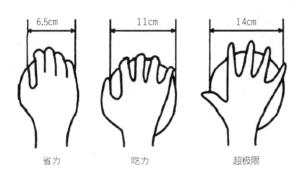

6.5cm   11cm   14cm

省力   吃力   超极限

图 3-11 造型与手部关系

日本饮料包装
此款容器设计成曲线，符合人握取饮料瓶的力度。

日本公司生产的提神健美的饮料
这种含有草药成分的混合茶饮料名叫"爽健美茶"。包装采用纤细的腰身使饮料瓶非常方便抓握，同时也能激发女性对健身的热情。

可口可乐日本芬达碳酸饮料包装
芬达在日本市场上采用一种奇特的"泡泡瓶"，这种无障碍设计本意是为了方便抓握，但同时也好像在尖叫"我就要从缝里喷出来啦！"

日本饮料包装
此款包装下部采用的是菱形，增大摩擦力，让饮料不容易从手中滑落。

国外宠物狗沐浴香波包装设计
此款包装设计成曲线，既符合人的
手握取物体的舒适度，同时又为包
装增添了情趣，让人眼睛一亮。

第二篇
包装设计实践

第四章　包装装潢设计实训

第四章　包装装潢设计实训

第一节　字体设计实训

一、概述

文字是平面设计的主要构成元素，几乎所有的平面设计都离不开文字的使用，特别是包装中商品本身的各种属性、使用方法、品牌、名称、生产商情况等有关信息，都必须依靠文字来传达。包装装潢画面可以不用图形，却不能没有文字，文字不仅起到介绍商品的作用，也是美化商品的一种具有形式美的表现手段。设计师通过对字体的塑造，清晰而艺术地传达商品的特性，给人以美的享受，抓住顾客的视线。

文字设计应服从于包装装潢的总体设计构思，因此包装设计中构图、色彩、字体应同时进行，互相映衬，达到造型功能化、构图特殊化、色彩理想化、文字形象化的目标。

成功的包装设计能够达到三种效果：远效果——令人瞩目；近效果——引人入胜；久效果——印象深刻。而要达到这三种效果，装潢画面中主题字体的造型编排，以及各项说明文字起了极其重要的作用。

文字在视觉传达设计中的作用主要有两个方面。一方面，文字是信息记录和传达的最重要载体。文字是记录语言、传达思想、表达情感的符号系统，只有文字才能完整、准确、清晰无误地传达信息。另一方面，文字又是一种能产生视觉效果及视觉传达作用的造型符号。不同文字，如汉字、拼音字母、拉丁字母及其他种类文字，其本身的造型差异很大，在同一种文字中也存在着不同的书写或印刷字体，即使同一种字体还有大小、粗细、方圆等方面的变化，所以字体设计也会影响包装设计的最终效果。

文案设计对包装设计来说尤为重要，无论是何种品牌和性质的商品，都必须在其销售包装上印有相关的说明文字，其内容包括品牌名称、产品名称、主要说明文字、辅助说明文字、配料单、生产商和代理商详情、生产日期、保质期、价格、法规信息等。文字作为语言符号有明确的语义传达作用，文案设计即为了实现语义传达。这些必不可少的文字要经过反复核对，确保准确无误，使消费者在选择过程中能做出正确的判断，使产品获得良好的信誉。在部分商品上还包括一些广告宣传的文字，如广告语、促销广告、有奖销售等信息。这部分文字特别注重气氛情感的渲染和强化，以打动消费者，这对文字本身的运用水平和文案的表现力

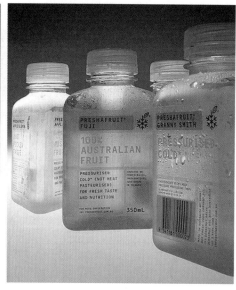

国外包装字体设计

Caribou Coffee 的新设计
在麻质的包装袋上设计师采用了多
种字体再配以不同的颜色，给人深
刻的印象。

都有较高的要求。

　　不同字体可传达不同的视觉效果，引起不同的心理和情感反应，这就
说明不同的字体适合传达的内容是不一样的。字体的设计主要从字的点画、
字的结构、字的外形及字的寓意等几个方面着手。尽管不同性质和品牌的
商品对字体设计的要求有所差别，它们也具有某些共同的原则：字体设计
必须以保证识别和理解为前提，字体设计必须符合视觉形式美学要求。

　　字体设计还应该充分考虑字体会遇到的生产印刷工艺问题，这里主要
是指包装材料、印刷方式和储存使用条件等因素，要求设计者对这些环节
的要求都要有所了解。

为了引起人们视觉的注意或体现某一设计内容的特质特点，现代包装设计在进行字体设计时往往运用不同的表现手法，进行变化处理，或做特殊的装饰美化。这种变化装饰字体在包装设计中应用最为丰富多变，是在印刷字体的基础上根据具体文字内容进行装饰加工而成的。变体美术字的特点是在一定程度上摆脱了字形和笔画的约束，可以根据文字内容与视觉效果的各种需要，运用丰富的想象力，灵活地重新组织字形，在艺术上做较大的自由变化，以增强文字的感染力。

二、汉字字体设计

汉字具有象形表意属性，其经历了几千年悠久的发展演变历史，字体多样，内涵丰富。使用最为广泛的汉字字体有两大类，一类是各种汉字印刷体，有宋体、仿宋体、楷体、黑体、圆体、变体设计字体等，详见图 4-1。另一类是具有独特民族风格和历史感的各式书法字体，详见图 4-2。书法诸种字体的结构形态不一，风貌各异，其历史发展过程本身是一部字体设计史。

中国书法是字体设计的一个特殊种类。由于中华民族的欣赏习惯，对传统书体有着极强的接受能力及喜好，其视觉效果已成为设计民族风格的形式特征。

甲骨文——结体带有任意性，图形感强，生动自由。

大篆——结体严谨且规范化与线条化，滞拙、厚重、古朴，有图案的装饰美。

小篆——进一步规范化、线条化，结构严谨，成为方块字，布白匀称，婉转而圆润。

隶书——以方线为主结体，左右舒展，笔画方中有圆，横、挑、撇、捺，具有均衡美。

楷书——结体以平直线为主，规矩、严谨，强调结构的平整美。

草书——以圆线（包括弧线、曲线）结体，节奏强烈，韵律跌宕，具有流畅的曲线美。

行书——兼有楷书与草书之长，格调清新，欢快活泼。

同时，还有如瓦当、钱币、印章等字体设计，形式更为多样丰富，风格纷呈。书法字体与印刷字体、变化装饰美术字的绘写原理既相通，又有所不同。书法字体应用于包装设计中并非随便搬来即可使用，需经过推敲与加工设计。

汉字书法是特殊的设计元素。书法字体既具有独特的视觉形式美感，又具有丰富的文化内涵。因此，被广泛地应用于各种视觉传媒设计，尤其

天天向上　新宋体
天天向上　仿宋体
天天向上　楷体
天天向上　黑体

图 4-1　汉字印刷体示例

图4-2

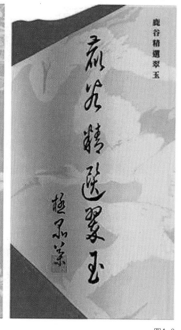
图4-3

是在包装设计中汉字书法字体的运用，可以增强包装设计的民族特色和传统意味，如图4-3所示。

图 4-2 书法字体示例
图 4-3 茶叶包装上的书法字体运用

一般来说，隶书、楷书、行书与印刷字体接近，容易识别；甲骨文与篆书源于象形，有绘画的风韵，字体结构不同于楷书，辨识率不高；草书结体也不同于楷书，不易辨认，阅读价值小而欣赏性强；使用篆书和草书时可进行适当调整、改造，使之既能为多数人看清楚、看懂，又不失"篆味"或"草味"。

即使同一字体，也有各派书法家的不同书写形式与风格，名家之间大相径庭，因此，运用书法字体应多做比较，慎重选择。

应该说，书法字体用于包装设计是一个极具潜力的视觉元素，它的构成方式、形成美和表现力是视觉传达设计中的一个广阔空间。

三、拉丁字体与数字

世界各国、各地区使用的文字符号种类繁多，其中以拉丁字母最为典型，世界上100多个国家约18亿人口采用以拉丁字母为基础的文字。公元前2000年腓基人创造了字母文字，罗马人于公元前500—前200年完善了如今广泛应用的规律性极强的26个罗马字母体系。

拉丁字母是音素文字符号，有许多种类型的印刷体。

（1）古罗马体，也称老罗马体，如图4-4所示。古罗马体出现于公元初年欧洲文艺复兴时期。与凯旋门、胜利柱、纪念碑的建筑风格相协调，又称复兴体。古罗马体均为飞写，字脚形态与建筑物柱头相似，横细竖粗，笔势走向清晰，风格典雅匀称，与汉字的宋体风格相似，很适于传统商品包装上的名称。

（2）新罗马体，又称古典主义体或现代罗马体，如图 4-5 所示。新罗马体以 1780 年意大利人波多尼各绘写的字体最有代表性。书写时借助绘图仪器工具，笔画粗细对比强烈，字脚饰线细直，圆弧形字母笔势走向自然、流畅，字体风格理性、严肃而规则。小写字母富于条理，节奏感强。新罗马体比古罗马体活泼些，故用在富于现代感的商品包装上，是设计应用中最广泛的一类字体。

（3）哥特体，又称装饰黑体，如图 4-6 所示。产生于 12—14 世纪欧洲的哥特艺术风格时期，体现了当时哥特式建筑艺术风格对文字形式产生的影响。以宽平笔尖书写，竖线粗并平行等距排飞，笔画尖突，每笔折裂为六角形，大写字母多加双线。具有古典风格的潇洒飘逸的视觉美感，特别适用于具有欧洲古典风情的礼品、工艺品、食品的主装设计中。

（4）方饰线体，如图 4-7 所示。19 世纪在法国与意大利出现了一种方饰线体，其线条很粗，字脚饰线头部呈矩形，似古埃及的石柱，故又称埃及体。方饰线体粗重浑厚，黑白分明醒目，呈现强烈的形式美感，适用于机电工业产品的包装名称。

（5）无装饰线体，如图 4-8 所示。为适应社会发展快节奏的需求，19 世纪在英国产生了广告体，即无装饰线体。它去除了一切字脚的饰线，横竖笔画粗细一致，结构紧凑、简练、有力，具有现代感，与汉字的黑体十分类似，多用于现代包装、广告、展示设计中。

图 4-4　古罗马体
图 4-5　新罗马体
图 4-6　哥特体

图4-4

图4-5

图4-6

图4-7

图4-8

图4-9

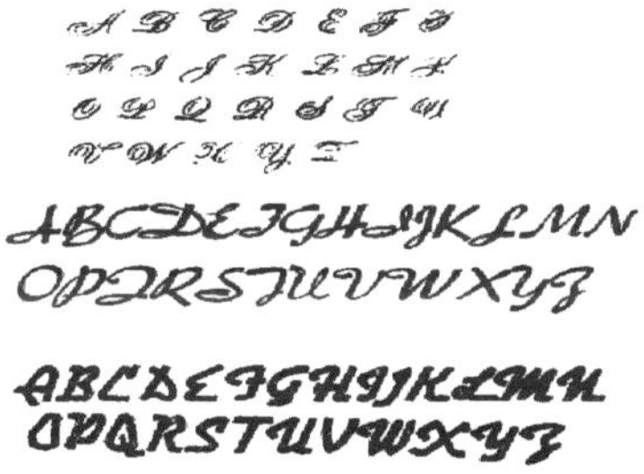

图4-10

图4-11

图 4-7 方饰线体
图 4-8 无装饰线体
图 4-9 意大利体
图 4-10 草书体
图 4-11 装饰字体

（6）意大利体，如图 4-9 所示。意大利体又称斜体，出现于 14—15 世纪，由意大利人格列夫设计。它由竖直笔画书写转变为 5°~15° 的斜向笔画，提高了文字的书写速度，具有运动感，自然流畅，活泼明快，常用于文化用品的包装设计中。

（7）草书体，如图 4-10 所示。又称花体，由自由手书形式发展而来，产生于 16—18 世纪的法国与意大利。大写字母的笔势走向符合手写笔顺规律，小写字母粗细、高度、间隔、圆弧一致，具有匀称、统一节奏的形式美感，类似于汉字的草书字体，适用于各种小食品、香烟、饮料、消费品的包装设计中。

（8）装饰字体，如图 4-11 所示。其是在罗马体、黑体和斜体的基础上装饰变化而形成的一类设计字体，具有轻松活泼，灵活多变，富于表现内容的艺术魅力。广泛应用于广告、书籍装帧、商品包装、展览设计等。

（9）阿拉伯数字。阿拉伯数字的设计形式与以上各式拉丁字体风格有一定的对应关系，详见图 4-12。

图 4-12 阿拉伯数字

四、包装中的字体设计

包装设计有时可以没有图形，但是不可以没有文字，文字是包装设计必不可少的要素。许多好的包装设计都十分注意文字设计，甚至完全以文字变化来处理装潢画面。

（一）包装装潢的文字内容

包装装潢的文字内容主要有以下几个方面。

（1）基本文字。主要是指包装商品名称、品牌和生产企业名称，一般安排在包装的主要展示面上，生产企业名称也可以编排在侧面或背面。品牌字体一般做规范化处理，有助于树立产品形象，产品名称文字可以加以装饰变化，如图4-13所示。

（2）资料文字。资料文字包括产品成分、容量、型号、规格等。编排部位多在包装的侧面、背面，也可以安排在正面下方，设计要采用印刷字体，如图4-14所示的左下角文字。

（3）说明文字。主要说明产品用途、用法、保养、注意事项等。文字内容要简明扼要、字体应采用印刷体。一般不编排在包装的正面下方，如图4-15所示的背面文字。

（4）广告文字。这是宣传内容物特点的推销性文字，内容应做到诚实、简洁、生动，切勿欺骗，避免啰唆，其编排部位多变。广告文字并非包装上的必要文字。

（二）字体的选择与设计

字体选择应用是否恰当，将对一件包装设计的视觉传达效果起到十分明显的作用。

（1）视商品内容选择字体。选择字体时，要注意内容与字体在风格气韵上的吻合和象征意义上的默契，设计的风格要从商品的物质特征和文化

图4-13　包装中的产品名称文字
图4-14　包装中的资料文字

图4-13

图4-14

特征中寻找。如现代工艺品可采用清新精致的字体；形形色色的机电产品应采用厚重硬朗的字体，如图 4-16 所示；医药用品可采用简洁单纯的字体，如图 4-17 所示；历史悠久的传统商品大都选用具有装饰风格的复杂字体，如图 4-18 所示；体育用品采用的字体则要充满活力，具有运动感。

（2）视销售对象选择字体。针对商品的特定消费对象设计字体，以增加亲切感。如儿童用品多用活泼、拙趣的字体，如图 4-19 所示；文化办公用品可选择典雅、细腻的字体；化妆品则应选择轻柔、秀丽的字体，如图 4-20 所示。

（3）视造型与结构选择字体。不同形态的包装需要运用不同的字体，以适应其造型与结构特征。如盒、袋等方正平整的外形可采用多种字体；瓶、罐、筒等圆柱体造型包装忌过于花哨零乱，以防扰乱视觉；异形与不规则包装结构更需注意字体的易识与单纯明确。同时，还应考虑到包装造型的

图4-15

图4-16

图4-17

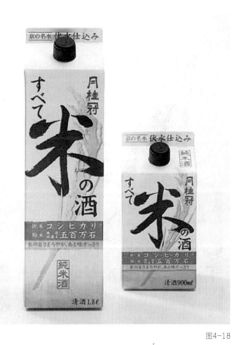
图4-18

图 4-15　包装中的说明文字
图 4-16　电子产品包装上厚重的
字体
图 4-17　药品包装上清新简单的
文字
图 4-18　日本传统米酒包装采用
具有装饰风格的字体

体面关系、比例关系等因素。图 4-21 所示薯片的筒状包装上字体设计紧凑集中，整体感强，便于识别。

（4）牌名、品名文字设计。牌名与品名文字的形式处理应具有标识性与特定的规范感，以有助于树立产品形象。一个牌名或品名在符合产品商业特性的前提下，应想方设法提高其艺术效果。现代包装设计在主体文字的字体变化上已趋于个性化，一般来说，牌名、品名应予以突出醒目的字体，变化多，装饰性强。文字不仅作为内容的说明出现在包装上，而且通过文字表达出商品的文化内涵，渲染商品特有的氛围感，使消费者通过对文字的视觉感受（甚至在没有看清字义的时候），就能对商品的属性、用途形成一个初步的概念，如图 4-22 所示。牌名、品名文字一般安排在包装的主要展示面上。

图4-19

图 4-19　儿童饼干包装上活泼的字体
图 4-20　化妆品包装上轻柔、秀丽的字体
图 4-21　圆柱体造型包装上的字体
图 4-22　突出品牌名称的字体

图4-20　　　　　　图4-21　　　　　　图4-22

（5）包装促销性广告文字设计。包装上具有宣传性、推销性的广告文字，即广告语，其设计得成功与否，直接关系到消费者对商品的印象和信心，关系到商品的销路。一般认为广告语也可采用稍有变化的字体，但应奇特中有平常，情感中见理性，不宜过于花哨，应使消费者产生依赖感。如药品功能与主治的广告提示应使患者一目了然，从而对症购用。

（三）多种字体的和谐运用

一件包装设计往往需要使用多种字体，因此，字体间的互相配合与协调关系就成为十分重要的问题。

1.字体种类的搭配

字体选择过多，极易造成杂乱感，缺乏和谐统一。一般情况下，所用字体控制在三种以内为好，并使每种字体的数量上有多有少，突出重点，如图 4-23 所示。

2.字体大小的配合

几种字体的大小应拉开适度的距离，层次分明。字体大小如果缺少对比就会主次不明，在视觉上无所适从，如图 4-24 所示。

拉丁字母中常将一个词组的第一个字母写得很大，并附加装饰，这一技巧需要设计者予以掌握并进行多种效果处理。设计中如果需要将汉字与拉丁字母写得大小一致，不能只看字号，更应注意凭视觉经验感觉的大小、粗细与风格样式，在对比中寻求和谐的搭配，如图 4-25 所示。

3.汉字字体的编排设计

包装文字除字体设计以外，文字的编排处理是形成包装形象的又一重要因素。包装文字的编排处理不仅要注意字与字之间的关系，而且还要注

图4-23

图4-24

图 4-23　包装上字体种类的搭配
图 4-24　大小配合的字体设计
包装将"盐"字特大处理，突出了商品的特性，让人眼前一亮

意行与行、组与组之间的关系。包装上的文字编排要在不同方向、位置，不同大小的面上进行整体考虑，因此，在形式上可以产生比一般书籍装帧和广告文字编排更为丰富的变化。

1）字距

同字号的单个汉字大小均匀整齐，一般是等字距排列。品名、牌名、广告语的文字字距要根据视觉效果的需要做灵活调整。

2）词距

拉丁字母词与词的间距，一般应留有一个"O"或"N"的空隙。词的字母多，词距可略小；词的字母少，间距则可在不松散的情况下略大些。

3）行距

汉字编排一般较规则，说明性文字的行距以字高的 3/4 为宜，注意不要混淆行距与字距间的区别，否则会给阅读带来困难，甚至产生误解。拉丁字母的大写字母的行距，一般为字高的 1/2，如字少而形体大，行距则可小于 1/2；拉丁字母的小写字母的行距，则以上下突出笔画不相接触为原则。品名、牌名等具有装饰变化的字体可以根据需要或疏或密地安排行距。

4. 文字的排列法

1）格式编排

按文字的方向性，编排形式千变万化，并无一定的模式，但也有数种常用类型。

（1）横排式。左右横向排列，如图 4-26 所示。

（2）竖排式。上下竖向排列，如图 4-27 所示。

（3）斜排式。左下至右上倾斜排列，如图 4-28 所示。

（4）曲线式。弧形、S 形与自由曲线式的排列，如图 4-29 所示。

（5）分离式。拉大单字之间的距离，连点成线，如图 4-30 所示。

（6）渐变式。文字字体运用大小和层次的渐变效果反复排列，如图 4-31 所示。

（7）重叠式。可由单字重叠表现构成图形纹饰，也可按一定透视线重叠排列，造成一种渐变的具有现代感的视觉效果。

图 4-25 首字母特大处理的字体设计
图 4-26 横排式

图4-25

图4-26

图4-27

图4-28

图4-29

图4-30

图4-31

图 4-27　竖排式
图 4-28　斜排式
图 4-29　曲线式
图 4-30　分离式
图 4-31　渐变式

（8）阶梯式。有横向、竖向两种阶梯排列方式，具有向上的动感，如图 4-32 所示。

（9）框架式。沿四周排列文字，形成一定的粗、细线框的视觉感，如图 4-33 所示。

（10）组合式。将文字的笔画做艺术性处理，并组合成一个整体，多用于书法文字与变体字，如图 4-34 所示。

2）文字定位线排列

为了避免产生零乱、琐碎的视觉效果，可以把文字排一排队，按照定位线分割画面，如：中心线对齐排列，左对齐排列，右对齐排列，不对称排列，对角线排列，斜线排列，十字交叉排列等。有了这条定位线，就可以把文

80

图4-32

图4-33

图4-34

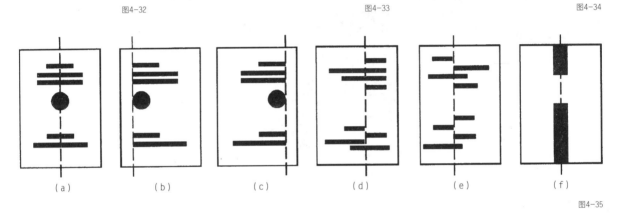

(a)　　　(b)　　　(c)　　　(d)　　　(e)　　　(f)

图4-35

图 4-32　阶梯式
图 4-33　框架式
图 4-34　组合式
图 4-35　一条定位线
文字排列法
（a）中心对齐排列
（b）向左对齐排列
（c）向右对齐排列
（d）、（e）不对称定位
线排列
（f）中心对称排列

字整齐有序地排列在包装画面上。定位线可分为三种：采用一条主要的定位线排列法，采用两条定位线排列法，采用三条定位线排列法。

（1）一条定位线。一条定位线是最基础的方法，经常用在酒瓶商标或标贴上，是应用最多、最常见的排列方法。下面是它的几种变化方法。

① 中心对齐排列法。中心对齐就是在包装画面的中心，设计一条定位线，以这条线为中心，所有的文字，包括商标等都沿着这条无形的轴线左右对称地排列。中心对齐排列的特点是图案比较庄重稳定。常用在包装盒、香烟盒、酒瓶、饮料瓶上，如图 4-35（a）所示。

② 向左对齐或向右对齐排列法。该法安排一条定位线在包装画面的左边（或右边），然后每一行文字的开头字、字母，包括商标，都紧靠着左侧（或右侧）的定位线排列，向左对齐（或向右对齐）。这种排列法与中心对齐排列法相比，显得比较新颖活泼，具有时代感，如图 4-35（b）、（c）所示。

③ 不对称定位线排列法。这是一种富有变化的排列，定位线具有中心对齐的特点，但又有向左对齐或向右对齐的特点，一般用在字数、行数较多，段落长短相差很大的文字排列上。这种排列方法活泼新鲜，画面的形式丰富而有节奏，反转变化，不落俗套，如图 4-35（d）、（e）所示。

④ 斜线排列法。这种排列法用各种角度的对角线或斜线做定位线，结合左对齐、右对齐、中心对齐等各种排列方法，从而得到新颖的构图，达到最好的效果（图4-36）。

总之，一条定位线排列法是基础，在此基础上发展变化，形式无穷。

（2）两条定位线。设计两条定位线在盒体的主要陈列表面上，使一行行文字沿着两条分割线排列，它们是有主有次、有大有小的文字排列。两条线的分割与定位是非常重要的，一是要有比例美感；二是要定位得当，要结合图形或色块找准位置，即使是微妙地移动定位线也要小心斟酌，注意空间安排的整体效果。下面是它的两种变化方法。

① 两条定位线平行排列法。即在主要的展示面上，运用两条定位线平行地排列，同时要考虑六面体盒中的其他两个展示面，使文字按定位线包裹在盒体上。这种方法可以用于包装上介绍性能、用途、说明文字很多等情况，使文字简洁，条理分明，既增加了画面的立体感，又使盒体具有整齐美观的整体效果（图4-37）。

② 两条定位线交叉排列法。这种方法犹如运用交叉的两条线，在包装表面上进行有效分割，交叉排列，或改变排列方向或改变写字的顺序，在定位区的框架内，分割后的文字可以按各方向组成各种图形的框架。这种方法整体感好，画面分割的形式感强，组合排列文字生动活泼，视觉印象深刻（图4-38）。

（3）三条定位线。采用三条定位线和采用两条定位线一样，所不同的是组织的定位线较多，六个面都可以用定位线划分，犹如捆扎状的六面体，任何一面都有展示效果。这种方法可以采用两条平行线加一条垂直交叉线或斜交叉线，两条平行线和一条垂直线的相交位置可以自由多样变化。

定位线的使用犹如平面构成中的分割线，可以等形分割，自由分割，有比例的分割，有数列的排列；除水平线和垂直线分割以外，还可以以对角线和斜线的多条平行线分割，目的是求得分割面积上的变化，使画面丰富新奇而又不凌乱，体现多样统一的美学原则（图4-39）。

图 4-36　斜线排列法
图 4-37　两条定位线平行排列法

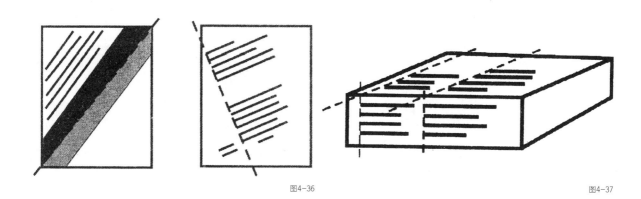

图4-36　　　　　　　　　　　　　　　　　　　图4-37

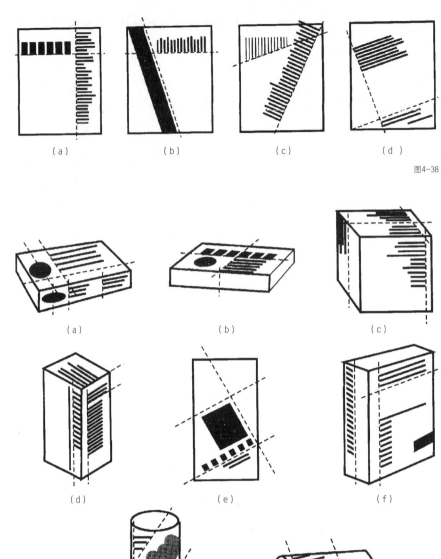

(a)　　　(b)　　　(c)　　　(d)

图4-38

(a)　　　(b)　　　(c)

(d)　　　(e)　　　(f)

(g)　　　(h)

图 4-38　两条定位线交叉排列法
(a) 十字交叉排列法
(b)、(c) 斜交叉排列法
(d) 斜线十字相交排列法
图 4-39　三条定位线排列法
(a) 三条线平行交叉排列
(b)、(f) 十字交叉排列
(c) 右对齐
(d) 左对齐
(e) 三条线交叉排列
(g)、(h) 三条斜线交叉排列

图4-39

国外包装字体设计

国外包装字体设计

第二节 图形设计实训

一、图形的概念

作为包装装潢设计的三大构成要素（文字、图形、色彩）之一的图形，有着其他要素所不可替代的优势，它是包装设计中的信息载体，是一种国际性语言，可以不受地区、文化、宗教、民族等多重因素的限制，而被全世界各个角落的人们所接受。它是一种非文字语言，与文字语言相比更为直观、生动、易懂、一目了然，不必像文字语言那样，需要经过细心的浏览和阅读才能被人们理解，而是一种即看即知、瞬间解读的语言形式。大部分商品的包装都会出现不同形式的图形，作为视觉信息的设计要素。

二、图形设计的类别

包装设计中所运用的图形要素多种多样，通过这些不同形式的图形语言传达出一定的信息，进而加强消费者对产品的印象。包装上的图形设计，从内容上主要分为具象图形、抽象图形和装饰图形三大类。

（一）具象图形

具象图形是对自然物象的直接描绘，它可以通过人们的感觉器官直接感知，真实、直接、写实地再现原有物象的特征，是有原型可寻的一类图形。这类图形运用到包装装潢设计中直观且一目了然，它通过具体描绘的手法直接将内容物的形象呈现在消费者的面前，使人通过已有的经验即可识别商品的确切类别。

依据表现手法与描绘的不同，具象图形又可分为摄影和绘画两种。

（1）摄影。摄影是目前包装图形设计中应用最为广泛的手法之一，它可以完全真实准确地再现原有图像的特征。随着摄影技术的不断发展，利用特殊的摄影技巧和光影变化，可以创造出意想不到的影像效果。如金属的华丽光泽、玻璃的透明光感、水果的新鲜香甜、面包的酥松可口、床上用品的柔软舒适等。

（2）绘画。绘画较之摄影更显得自由随意，它可以不受客观对象的限制，任由设计者去发挥、创造，是一种极具个性与感染力的图形设计形式。绘画的表现手法也是多种多样的，因材料、工具、笔法的不同而有所不同。油画的厚重、水墨画的空灵、版画的韵味、马克笔的随意等,恰如其分地运用,更有利于体现出内装商品的特征和文化韵味。

①国画。国画有墨粉五彩之说，浓、淡、黑、湿、干。水与墨的结合造就了国画表现形式的独具一格，将其应用到包装图形设计中更是屡见不

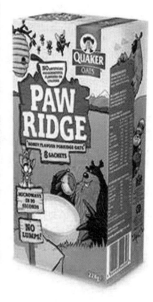

上图　摄影手法在包装图形中的
应用
中图　水彩画效果
下图　绘画手法在包装图形中的
应用

鲜。它通过墨色间的渲染、皴擦、重叠、水墨交融、干湿并用，创造出反映内容物特征的独特视觉效果，充满了古朴而空灵的意境之美。

②油画。油画作为一种源于西洋绘画的画种，一般是指以亚麻仁油调制颜料描绘于具有吸收性的画布之上的绘画形式，同时也可以绘制在木板、纸板等多种材料上。现今这种绘画形式应用于包装图形设计也较为常见。它通过层次叠加等手法，运用油画颜料较强的覆盖性，将设计者的创作意图和内装商品的形象特征呈现在消费者面前，具有沉稳、厚重之感。

③喷绘。喷笔的形状如同一支钢笔连接着一根有弹性的长管，管子的另一端连接着压缩空气的气缸，主要利用空气和颜料的结合进行创作。喷笔是一种非常精密的仪器，能创作出细腻逼真、层次丰富的画面效果。喷绘是包装图形设计中被广泛应用的绘画技法之一。

（3）超写实绘画。超写实主义又名新现实主义或照相主义，它源于并兴盛于美国，作为一种绘画形式几乎波及世界的各个角落。随着科技以及材料的不断更新与发展，这种绘画技法也应用到包装设计领域。顾名思义，超写实绘画可以如同商业摄影完全真实地再现原有物象的相貌特征，是一种极佳的具象表现包装图形的创作手段。

（二）抽象图形

抽象图形通常是指经过概括提取、人工雕琢的图形样式。它通过对原有物象的分析解剖，利用各种构成形式将其本质特性概念化、视觉化。这种图形样式虽然在外在形式上已经脱离了原有物象的外在相貌特征，但其本质上仍具有明显的相关性与暗示性。在包装装潢的图形设计中，抽象图形大体可以分为文字符号、几何形两种。

（1）文字符号。在现代包装中，单纯运用文字符号作为其主要的图形设计元素屡见不鲜。从象形文字到意形文字，从甲骨文到篆书，从古体字到印刷字体，人类所使用过的文字符号体系几乎贯穿了人类文明的发展史。文字符号在现今的包装装潢设计中，不仅起到直接传达信息的作用，而且增强了商品的精神内涵和文化品位（图4-40）。

（2）几何形。几何形通常是指利用点、线、面的构成形式，进行理性规划和感性排列，进而形成有规律可循或无规律可言的图形式样。相比而言，这种图形形式更为概念化，通过一种精简手段将设计者的意图表现出来。这种图形式样在包装装潢设计中运用得非常广泛，一些洗涤用品和医药用品的包装，通常采用一些抽象几何图形来表现商品的特性；护肤品包装也常用到几何形（图4-41）。

（三）装饰图形

包装设计对装饰图形的应用也很广泛，其中包括对传统装饰纹样的借

喷绘效果

插图在包装装潢中的表现

图4-40

图4-41

图4-40 文字符号
日本传统食品，整个包装运用日本
文字做装饰。
图4-41 几何形的应用
Victoria Secret's 夏季香水包装
设计，采用较为柔美的弧形曲面，
从而体现女性的柔美典雅。

用等。装饰纹样应配合内容物的属性、特色、档次适当运用。图形的处理
除印刷外，还可以采用烫制、凹吐、模压等工艺。

三、图形创意手法

包装装潢设计中的图形创意手法较之其他形式的设计更显得单纯、直
观，它更为强调易读性。包装装潢设计中的图形创意无论采用何种创意手法，
都要以内容物的客观存在为前提，以内装商品的特征为基础。

（1）真实再现。真实再现就是真实地再现商品的形象特征。无论采
用何种图形语言，都是对内容物的直观表现，通过外包装的图形语言即
可瞬间解读商品的特征。这种创意手法在各类别的商品包装中运用得极
为广泛，无论写实的照片还是手绘的图画，都是对内容物的真实描绘
（图 4-42）。

（2）概括提取。概括提取就是将商品的形象特征进行概括提炼，进而
通过最简洁的图形语言，快速准确地表达出商品所要传达的信息。它是对
商品现象特征的一种整合性处理，从而提取最精华的部分，使消费者瞬间
对商品准确定位（图 4-43）。

（3）夸张变形。夸张变形就是将内容物的某些特征进行放大处理，
使其更加夸张，或对某特征进行变形处理，从而达到增强视觉冲击力的
效果。比如在方便面的包装中，为了体现它的鲜美与不同口味，在外包
装的图形处理上，将反映其口味的形象无限放大，如香辣牛肉、五香排骨、
香菇鸡丁等。通过对局部图形的夸张强调，使各类商品的特征更为生动
鲜明（图 4-44）。

图4-42   图4-43

图 4-42　真实再现
图 4-43　概括提取
此牛奶包装通过对奶牛身上黑白
花纹的概括提取,运用简洁的图
形语言传达出商品的特质。
图 4-44　夸张变形
同样是牛奶包装,这组包装采用
的是将奶牛变形,不过不是放大
夸张,而是以一种儿童漫画的形
式将其变形。

图4-44

四、构图的法则和方法

有了文字、图形等设计元素,编排和构图便成为组合这些元素成功与
否的关键因素。

包装装潢的构图设计,就是指对画面各种元素的组织与排列,具体包
括视觉元素的构成、编排与构图等环节。视觉元素的构成,就是把不同的

形式元素纳入整体，形成不同形式单元间有序的相互关系。构图则是构成的继续，是构思的具体形象化结果，即将所设想的物象有条理、有变化地组织在画面上。一件包装设计的视觉特征就是由构成因素及相互关系决定的。再好的图形、字体、色彩等单个因素，如果没有精心的组织、编排与构图，也不能产生有效的包装整体效果。

（一）构图的基本法则

构图的基本法则如下。

（1）和谐。各类设计元素达到共通融合的状态，称为和谐。如一组协调的色块、一些排列有序的近似图形等。

（2）对比与均衡。把反差很大的两个视觉要素成功地排列于一起，虽然给人以鲜明强烈的感触，而仍具有统一感的现象称为对比。它能使主题更加鲜明，视觉效果更加活跃。对比关系主要表现在视觉形象的冷暖，色彩的饱和与不饱和，色相的迥异，形状的大小、粗细、长短等多方面的对立。在构图中，在追求对比的同时，更要注意画面整体的均衡。在版面构图的具体实践中，版面的均衡是各构成单元视觉轻重关系的平衡与稳定。

（3）比例。早在古希腊时期就已被发现的至今仍为全世界所公认的黄金分割比为 1∶1.618，这正是人眼的高宽视域之比。恰当的比例会呈现一种协调的美感，成为形式美法则的重要内容。美的比例是构图中一切视觉单位的大小以及各单位间编排组合的重要依据。

（4）对称。自然界中到处可见对称的形式，如鸟类的羽翼、花木的叶子等。对称的形态在视觉上有自然、安定、均匀、协调、整齐、典雅、庄重、完美的朴素美感，它符合人们的视觉习惯。在构图中运用对称法则时，要避免由于过分的绝对对称而产生单调、呆板的视觉，有时候在整体对称的格局中加入一些不对称的因素，反而能增加构图的生动性和美感，避免单调和呆板。

（5）视觉重心。在平面构图中，任何形体的重心位置都和视觉的安定有紧密的关系。因此，画面重心的处理是平面构图探讨的一个重要方面。在包装设计中，所要表达的主题内容和重要信息往往不应偏离视觉重心太远。

（6）节奏与韵律。平面构图中单纯的单元组合重复易于单调，由有规则变化的形象或色群间以数比、等比处理排列，使之产生音乐、诗歌般的旋律感，称为韵律。有韵律的构成具有积极的生气，有加强魅力的潜能。

（7）联想与意境。平面构图的画面通过视觉传达而产生联想，从而达到某种意境。联想是思维的延伸，它由一种事物延伸到另外一种事物上。各种视觉形象及其要素都会产生不同的联想与意境，由此而产生的图形的象征意义作为一种视觉语意的表达方法，被广泛运用在平面设计构图中。

（二）构图的方法

包装装潢的构图，着重在装饰效果方面。为了把构思的包装形象在构图中得到充分表现，应多次应用小草图做探索，从中进一步丰富、发展构图，使之更加充实、完美。所以，构思、编排与构图有相辅相成的作用，可同时交错进行。

1. 点—线—面

点、线、面是构成一切物体与形象的基本要素。点的延续成为线，线的移动构成面，面的组成构成体。

（1）点。设计上的点，有着一个小小的面积。各种小圆圈、小三角形、小方形、小菱形或多边形都可视之为点。一个圆看来是静止的，但放在画面中间，四周的空间相等时，就会感到很安稳。

当画面中有一个点时，它能吸引人的视线，成为视觉中心。图例中具有两个点时，人的视线就会在此两点上来回流动，产生张力感。

当两个点有大小之别时，视线就会由大点流向小点，最后停留在大点上。

图中有三个点时，视线在这三点之间来回流动，就会令人产生线和面的联想。

（2）线。具体感觉到的线有一定的宽度，或粗或细，但宽度要比长度小得多，才能感觉到线的形象。线分直线、曲线两种，是线条对立的两大系列。

直线具有正直、明确、理性等感觉，具有男性阳刚美。水平线给人以平稳、安定、寂静的联想；垂直线在心理上给人以严肃有规律的感觉，唤起上升、崇高、有希望的情绪。

曲线的种类很多，有弧线、S形线、旋涡线、波状线、抛物线等。有规则的曲线给人以柔软、流动的感觉，代表女性美；作为圆的一部分的弧线，它有健康、刚强、集中的象征；S形线如天空的浮云，令人有缥缈、幻想的感觉；旋涡线在构图中的空间适当引用，可以增加活泼、生动的效果；波状线有轻快、活泼、流动的感觉。编排巧用线，可使版面调和，栏目清晰，传达方便。

（3）面。面是由线围成的面积，它有长度和宽度而无厚度，具有位置和方向的性质。面是物体外围，由于面的存在而形成各种形状。三角形、方形、圆形是面的基本形，由这些形状可以组成多角形、菱形、梯形、椭圆形等。这些基本形用在构图上，各有它的效果和作用。如圆形面似女性，柔和而圆满；方形面似男性，坚强而稳重；正三角形面似金字塔，纪念碑式永恒；倒三角形面似动荡，蕴涵不稳定。

国外食品包装设计

　　在实际的画面中，各种形态不一定以原型出现，而往往是在形体中变现出来。假如画面都是平板方直的面，就不免呆板，可用线条或点来调节，使之灵活起来；点和线过多显得轻飘琐碎，就可用块面来统一，使画面显得协调和稳定。

　　2. 远—中—近

　　版面是二维空间，编排设计要求表现出三维空间的远、中、近，才显得灵活而深远。远、中、近三层次是通过大、中、小三级比例来编排的。如版面上的大字标题或牌名做近景时，丰富的插图就做中景，正文和企业介绍则做远景。这样的版面层次分明，一目了然。远、中、近三层次还可通过色彩的明度和色度来编排。如暖色做近景时，明度也提高，中间色就做中景，让大冷色做远景，明度也减弱。远、中、近三层次也可通过肌理组织相互衬托编排。如粗硬的肌理做远景，细软的肌理就做近景。版面上远、中、近三景，还可以根据构图分割的需要随时加以前后调整。当版面强调色彩或肌理，则可以用色彩、肌理做近景，标题编排中景。当版面减弱色彩或肌理，可以用色彩、肌理做图的远景，标题编排近景。在远、中、近三层编排上，近景要活跃，中、远景要依次趋向安静，复杂的版面才会因此而变得有序、简练。

3. 黑—白—灰

黑、白、灰三色是对色彩的抽象。灰能概括一切中间色，黑与白能概括对比色，且最单纯，最醒目，最耀眼，最能远距离传达。编排能调动黑、白、灰三色，也就有了设计的诀窍。

实际上，黑、白、灰三色是独立的。尽管设计界流行色在不断转换，可黑、白、灰三色经久不衰，它给人快意而含蓄的美感，使人常看常新，不厌烦。

4. 对比—极限

（1）对比。对比就是质或量、形或色差异的两个或两个以上要素，在相配时产生的排斥、分离的感觉。对比，即矛盾，没有对比也就没有平面设计。

对比的范围很广泛，如色相、彩度、明度、面积、运动、线型、方向、体型、数量、光影等各方面都可以对比。

人的心理，往往为对比的事物所注目。没有对比，无法引人注目。在熙熙攘攘的夜市上购买东西，人总对照明辉煌的商品有兴趣；而灯光昏暗的商店，因对比弱，就不能引人注目。包装设计也是如此，对比强的注视率就高，反之则低。运用对比，会使包装设计十分醒目。画面的空间也有

对比，若图形和文字的周围编排得密密麻麻，空间极小，顿时就会使人沉闷、生厌；而一旦图形和文字周围的空间扩大，造成优良的"间隔效果"，图形和文字就会马上脱颖而出。在利用空间对比上，越是孤立的事物，越引人注目。

（2）极限是对比的尖锐化状态，它使要素间的分离与排斥达到两极的限度。极限较多适用于强烈的画面，能产生触目惊心的注目效果。

使用对比和极限，应注意以不损害主题的格调为原则，否则会削弱整个设计的情调。

第三节　色彩设计实训

色彩犹如魔术师手中的魔棒，有着无限的吸引力，它能引导人们的视线进入误区。包装装潢的色彩设计不仅要研究色彩的科学性（物理作用），而且要研究人们心理情感的作用。

一、色彩设计的功能

（一）提高识别性

1. 提高商品在货架上的识别性

"远看色，近看花"，色彩可以帮助商品从众多的同类中跳出来，提高注目性。

（1）差别化定位。在选择包装色彩时要多做市场调查，寻求色彩定位的差异化。选择与众不同的色彩效果可以让自己设计的产品从众多的商品堆里跳出来。

（2）群组化定位。在市场货架上一件产品在货柜上占的面积极为有限，一个品牌的包装产品为了扩大视觉效果，可以设计成不同型号或不同味觉、不同口感、不同香型而形成同一个构图，运用色彩各异的群组化包装形式，扩大货架的视觉冲击力。

（3）利用品牌化、系列化的形式，形成色彩的群组化势力。利用色彩的群组化优势形成一个货柜、一片展区或一个柜台等形式，来扩大商品的视觉冲击力。如化妆品、系列化品牌的产品，用同一色系不同的造型特色来体现一个系列化的色彩，给人留下深刻的印象。

2. 提高企业形象的识别性

目前国际上流行的企业识别系统中的标志、文字、图形、色彩组合，在包装设计中配套实施，成为决定品牌竞争彼此差异性的重要因素。商家利用色彩扩大商品的差异性，提高自身的独特视觉作用，扩大和延伸包装色彩的视觉冲击力及视觉认知度。人们只要见到这几种色彩的组合，便知道是什么产品，这是由于颜色的识别性一般比图形和文字要强。这样可以提高企业知名度，促进产品的销售。

（二）体现商品的特色

在包装装潢设计中，可采取以下方法体现商品的特色。

（1）体现内装商品的形象色。在包装装潢设计中可视形象比较悦目的产品，如电器产品、玩具、日用品、食品等，往往都是以最优秀、最真实的产品外在造型和最悦目的色彩展示给消费者，以便向消费者传达最确切的内装产品信息。

（2）体现商品的象征色。在不同种类的商品包装中，能够体现商品特色、功效、类别的抽象色彩或色调称为象征色。在包装装潢的色彩设计中，有的产品没有可视形象可供选择，或者产品造型不悦目或由于构图的需要，需要用色彩替代，可以选择抽象的象征色彩来代替。如：橘汁饮料用橙色，酸的食品多用淡紫色，蔬菜饮料多用绿色，女性用品、化妆品、日用品等多用柔和、淡雅温馨的色彩，五金工具的包装多用厚重的色彩，儿童用品多用三原色和活跃的色彩等。

二、色彩设计的相关因素

（一）色彩设计与感知觉

感知觉是人类认识事物、认识世界的基础。消费者的购买活动离不开对商品的认识，而这种认识则源自对商品的感知。调查表明，一般人对商品的认识首先是色，其后才是形。消费者在商场视觉接触商品的前 20 秒内，色感为 80%，形感为 20%；在 20 秒至 3 分钟内，色感为 60%，形感为 40%。另一测试表明，购物者在商场用于观察每一种商品的时间大约在 0.25 秒，这 0.25 秒的一瞥决定着受众是否会从"无意注意"转向"有意注意"。可见这第一印象的一瞥非常重要，这一瞥能否留住受众，关键在包装的色彩设计，出众、悦目是色彩设计成功的关键。

（二）色彩设计与消费心理

1. 色彩要适应不同社会群体的消费者的心理特点

色彩要适应不同社会群体的消费者的心理特点，具体原因如下。

（1）不同年龄群体的消费者有着不同的色彩爱好。儿童喜欢鲜明的颜色，特别是三原色，红色尤为受欢迎，让幼儿在彩色气球群里挑选气球，往往伸手抓的第一个就是红色气球。但随着年龄的增长，求知欲的旺盛，逐渐喜欢追求时尚，跟潮追风，注重突出自己的个性，男孩子喜欢的色彩以蓝色为首选，女孩多喜欢柔和的色彩。到了中年由于生活经验和文化知

Lanvin for H&M 系列衣着包装设计。设计师将身着此系列鲜艳衣着的插画形象印上包装袋，貌似粗犷随意，细节处却绝不含糊

识的丰富，以及生活和工作的需要，对色彩的爱好都偏重于不同环境的理性选择。老年人由于阅历的丰富、经验的积累，穿着和大件用品上倾向于较复杂的颜色，但在生活小件用品上大部分还是喜欢鲜亮的色彩。

（2）不同性别群体的消费者的心理特点。不同性别的人对色彩的喜好也不同，中青年男女尤为明显。一般男性喜欢冷色调，喜欢体现智慧和阳刚之美的色彩，如各种蓝色调、灰色调和深色调。女性比较喜欢暖色调、亮色调，喜欢体现轻、柔、美、时尚的色彩，尤其喜欢淡红和浅色色系。

（3）不同教育水平群体的消费者的心理特征。色彩的偏好也受教育

国外酒饮料包装
和谐的色彩搭配让整个包装与众不同。

水平的影响。文化程度高的人接收的信息较多，往往喜欢淡雅、文静的色彩，以调节过多的信息量的刺激。一般乡村和边远山区的人们因文化程度相对偏低，周围宁静的环境和生活中的刺激不足，往往喜欢鲜艳浓烈的色彩。特别是少数民族对浓艳强烈对比的服装色彩的偏好成为各民族的服装的亮点。

2. 色彩设计与不同的民族、文化、宗教信仰、地域特色的消费心理

各个国家、民族由于社会、政治、经济、文化、科学、艺术、教育、民族风俗习惯、宗教信仰以及自然环境、地理条件的不同，对色彩都有着不同的喜好，并且有的对色彩的认同感是截然相反的。包装设计者必须根据不同消费对象采用不同的色彩。这是决定产品在市场战略中销售成败的关键，一定要认真对待。"知己知彼"、"投其所好"，是包装设计最根本的宗旨。这就要求包装设计者有广泛的知识储备，对不同对象的喜好要有广泛的了解。

三、色彩的心理联想

色彩的心理联想是一种复杂的心理现象，设计者在构思包装设计的色彩配置时，必须将这一因素考虑在内。色彩除了在视觉上产生美感、吸引人们观看之外，更是一种传达信息的元素。如果能在色彩的运用上充分发挥其可能产生的联想作用，那么对于包装设计本身成功有效地宣传自己，无疑会事半功倍。

（一）色彩的视觉联想

白色——冰雪、白纸、白云、砂糖、白兔、纯洁、清白、纯粹、明亮、和平、神圣、轻薄、空虚、空白。

黑色——夜、煤炭、墨、沉着、厚重、严肃、阴沉、悲哀、垂暮、死亡、阴险、恐怖、绝望。

红色——太阳、苹果、红旗、火焰、血、口红、热情、热烈、活力、喜庆、愤怒、危险、温暖、暴力。

（二）色彩的触觉联想

红色——烫热、温暖、酥松、丰满、牢固、粗糙、坚硬、干燥。

橙色——温热、发烧、弹性、平滑、干枯、温湿。

绿色——清凉、清爽、轻松、平坦、生硬、脏湿、阴森。

蓝色——冰冷、凉爽、润滑、光泽、硬、黏滑、粗硬、泥污。

紫色——绒绒的、丰润、软绵绵、毛绒、皱皱的、粗皮、灰尘。

（三）色彩的味觉联想

包装与味觉会因物因人而异，但就一般规律而言，心理实验结果显示：

黄、白、浅红、橙红色具有甘甜味，绿、黄绿、蓝绿、紫色具有酸味，深黑、蓝紫、褐灰色具有苦味，暗黄、红色具有辣味，茶褐色具有涩味，青蓝、浅灰色具有咸味。明亮色系和暖色系容易引起食欲，其中以橙色为最佳。有的色彩搭配易引起食欲，单调、杂乱的色彩搭配容易令人倒胃口。在食品中"色、香、味"俱全，首先就是一个色字，可见在食品包装设计用色的时候，一定要注意运用能引起味觉的食欲色。

（四）色彩的嗅觉联想

色彩与嗅觉的感觉和味觉相同，由生活联想而得。人们在生活中体验到花卉、瓜果、食品等的芳香味，如玫瑰、兰花、桂花、茉莉、苹果、柠檬、香蕉、甜瓜、檀香、咖啡、烤熟的点心等。由生活联想到红、黄、橙及加白后的淡红、淡黄、淡橙色系都是香甜色，而由生活中的腐败物偏冷的浑浊色系容易使人联想到腐败后的臭味等，深褐色系容易使人联想到烧焦的食物。

四、色彩设计与构图视觉元素

（一）色彩设计与图形的关系

在包装设计中，色彩与图形是除文字外的两个主要元素，是包装设计实现构思目标的法宝。色彩与图形之间是一种相辅相成的关系，为了实现共同的主题，必须是共同配合来营造一种主题气氛，实现主体创意。假如主题要求是一件传统化包装的诉求美，那么图形必须是体现传统特色的图形，色彩也要寻求体现传统特点的色彩，两者共同营造传统品位十足的包装特色，让人不用看文字，一眼就能认定内装物一定是传统产品。假如主题内容是一件高科技的精密仪器，图形是能体现精密仪器的图形，那么色彩一定要与之相配合来营造精密、高科技的氛围，让人一看就能认定内装物不是一件普通的产品。

由于色彩的魅力，同一个构图图形可以营造出不同的气氛，如轻柔的、高雅的、朴实的、活泼的等格调，这种设计多半在系列包装中应用。反过来，如果同样色彩的包装，由于图形的改变，也会影响它的整体效果。如不同图形不同色系的包装感觉（食品、芳香剂)，同色彩不同图形的包装（衣、袜、裤）。

（二）色彩设计与文字的关系

文字能直接传达商品的信息，特别是品名、品牌文字。它在画面上具有"眼睛"的作用，是整个包装最突出的主题部分。除在构图布局时，安排在最突出的位置外，在色彩设计时，也必须调动一切对比手法让其突出，要把最强烈的对比手法集中利用在主体文字部分的烘托上。如明度对比、色相对比、纯度对比、色彩艺术手法的渲染和处理、电脑特技手法的处理，

上图　提高商品的识别性
此饮料包装选择了黑色。黑色的大
面积应用在食品饮料是慎忌色，几
乎是食品色的禁区，但该品牌采用
黑色却取得了意想不到的效果。
下图　色彩各异的群组化包装形式

来达到让主体文字处于绝对突出地位的目标。

　　说明性文字在色彩的处理上也要保持清晰、可辨、醒目的状态，不要
让其含混不清。如淡黄、淡蓝底色上反白文字，深蓝、深红、深绿上印黑
色文字，都容易出现含混不清的视觉。要注意色相、明度差别的变化，保
持文字的易读性。

（三）色彩设计与材料的利用

　　巧妙合理地利用各种材料本身的质地、纹理、色彩体现创意构思，是
包装设计能否取得成功的一个很重要的诀窍。很多人工材料，如纸、布、帛、
缎、棉；自然材料，如木、竹、草、麻、叶、果实等；金属材料，如钢、铁、
铝等，它们的色彩纹理都非常美丽，运用到包装上只需稍作处理就可成为
一件非常优秀的设计，再加上所需表现产品的信息即可，过多的处理反倒
会画蛇添足。特别是自然材料的应用，它能让人有一种回归自然的亲切感；
金属材料的光泽色利用得好可以提高产品的档次；纸质材料应用最多，余
地最大，有很多可塑机会来提高包装的独特感和档次感。

上图　体现内装商品的形状
中图、下图　儿童喜欢的颜色

五、色彩设计与外包装容器

　　外包装的功能就是保护物品在运输、保管过程中的价值和形态，防止在运输过程中遭到野蛮搬运而使货物破损。所以，使用明亮的色彩还是令人心情暗淡的灰暗色，在人工搬运中遭到的待遇是截然不同的。有一实验测定，在码头放置同样大小，分别涂有黑、红、绿、黄、白的二十个包装箱，用照相机将其搬运情况偷拍下来。结果显示，黑色的包装箱遭到最粗暴的搬运，而明亮色彩特别是白色的包装箱则受到了精心妥善的处理。

同样有人做过测定，同样大小、同样重量的包装箱分别涂上不同颜色，在码头上搬运时深色的包装箱被认为是最重的，白色的包装箱则被认为是最轻的。

另外，索尼电器公司曾一度把橙黄色作为公司的代表色涂在包装纸箱上，由于公司名声大，产品性能优良，在各港口都很有声望，经包装出口的产品经常被码头搬运工窃走，这主要是因为包装用橙黄色一目了然，给偷盗者提供了明显的目标。

这几个实例给我们以下启示。

（1）在设计大件物品的包装外观色彩时，除了考虑现实销售以外，一定要注意考虑人们在运输过程中的色彩作用与人们的心理感受。尽量不要用太深、太重的颜色，否则会给人造成沉重的心理压力。要尽可能地采用明亮色彩给人以轻松的感觉，增强人们在搬运中的愉悦感。

（2）在使用企业的形象色时，要因不同产品在不同环境的情况而定，不能一概而论。

六、色彩的配置

凡是能使人得到审美愉悦的对象，都称为美。要创造美的色彩，就应把握住构成色彩美的形式要素，并遵循构成色彩美的形式法则进行组合。色彩的美与不美不是孤立的，它受到审美主体的观念、情趣的制约，实用美术的色彩还受到材料、功能、对象、环境、时间等因素的制约。只有将色彩的形式结构和审美主体、审美对象有机统一才能最终产生色彩的美。美的构成基础是整体与局部的关系，只有将各个局部统一于整体之中才能产生和谐统一的美感。

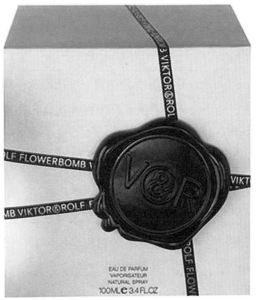

女性喜欢的颜色

KEEN 男士护理系列包装
怀旧时尚的剃须工具包，其中包括
直刃剃须刀、皮革锐化滑索、银尖
獾毛剃须刷、剃须膏、肥皂和杯子。
设计师 Chad Kirsebom 选用了黑色
为主的颜色，大气沉稳。

文化人喜欢的颜色清新淡雅

第四节　标签与包装纸设计实训

一、标签设计

（一）标签的概念和作用

标签，就是以文字、图形、色彩等视觉要素，通过一定的视觉形式手法，形成标示特定事物或商品信息的识别符号的通称。简单地说，标签就是标示和识别不同事物的图文标识。如图书馆要对书籍进行分类管理，给每本书都要分类编号贴上标签，以对每本书的借阅进行管理；粮食店运用标签分别标示出粮食的名称、品牌、产地、价格等信息，以便顾客选购。

所谓商品标签，就是依附于特定商品或包装表面，以文字、图形、色彩等视觉元素，并借助一定的平面形式或艺术手法，标示不同商品内容信息的标识符号。例如：吊挂在服饰产品上标示服饰产品名称、品牌、型号、材料、价格、洗涤晾晒方法等信息的吊牌式标签；直接粘贴或印刷在不锈钢餐具上、玻璃器皿上，标示产品名称、品牌、型号、规格、厂商信息的商品标签；粘贴在饮料酒瓶上标示酒名、品牌、酒精度、净容量、原料、生产企业名称等产品信息的酒标签（主标、背标、颈标、吊牌）；粘贴在硬纸盒、木盒或其他包装容器上用以识别商品内容信息的标签；直接印在洗发液、护发素等产品包装容器上的日化产品标签；印在糖果、糕点、面包纸上的食品标签等。

（二）标签的基本类型

为适应现代产品的不同类型特点，商品标签从标签的内容特点和应用表现方式的不同角度来分，大致有以下类型。

（1）通用标签。即具有各种标识功能的标签，主要用于生产、销售或使用的产品上，如标注在仪器、工具、产品与包装、货架以及箱体上各种类型的标识。通用标签一般采用纸标签或热敏（不干胶）标签、塑料片材标签。

（2）特殊标签。如各种认证标签，抗磨损、抗化学及抗溶剂标签，冷冻、耐高温和电路板标签，安全与防盗标签等。

（3）电子标签。电子标签包含射频标签、芯片标签和智能标签三种。射频标签就是含有物品唯一标识体系编码的标签，运用射频技术识别产品编号、当前位置、状态、售价、批号等信息；芯片标签运用类似于条形码储存信息取代包装上的文字标记，利用无线电发送信息，由在一定距离外的机器人识别；智能标签采用微电子安全防护或提示性装置，通过声像语言或其他方式提示，引导消费者安全正确地消费产品。

食品包装纸	吊牌标签
食品包装纸	
食品包装纸	吊牌标签

（4）从标签的生产与应用形式上区分有：标贴，即粘贴在产品上或包装上的标签；吊牌标签，即系挂在产品或包装上的标签；印刷标签，即直接印刷到产品包装容器上的标签，以及放到包装容器中的标签；套标（收缩标签），即通过热收缩塑料膜直接套紧固定到包装容器上的商品标签，它可以达到绝缘的目的，还可根据包装的形状变化而变化；模内标签，是一种有别于传统标签的全新标签方式，将事先印刷、模切好的标签放在开放的模具内，经高温将标签与容器熔为一体，这种标签结合自然，防油，防水，防霉，还可防伪，不易脱落，效果美观，并可与包装容器同时回收处理；还有上文介绍的电子标签与特殊标签等。

适应现代新材料与高新科技的发展与应用，识别事物的标签表现形式手段还将不断地丰富、革新、发展。

（三）标签设计的方法

1.商品标签的性质与内容方式定位

鉴于各种不同类型的产品在物质状态、性质、用途和包装方式上的差异，以及不同标签在标识信息目的上的不同要求，形成了不同类型的标签和内容方式。因此，在标签设计中首先需要根据特定产品的性质、形态、用途等特点，明确特定标签的类型方式定位，这是标签设计的前提。

（1）产品标签。产品标签是在商品生产和市场中应用最广泛的一大类标签类型，包括食品标签、药品标签、化妆品与其他各类日用化工产品标签、饮料酒与各种饮品标签、服饰产品标签、文化用品标签、家用电器标签、装饰工艺品标签、儿童玩具标签等其他各类不同产品识别的标签。即使同一类或同一产品因包装形式方法的不同，也会直接影响到其标签的表现方式。例如，牛奶、果汁等饮品，或者洗发液、沐浴液等日化产品，如

明亮的色彩与图形营造出动感活力

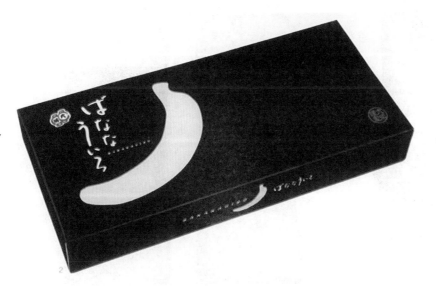

明度对比强烈，突出主体文字

色彩对比鲜明，突出主体文字

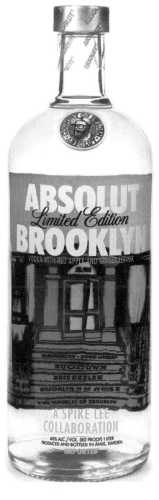

酒瓶标签设计

采用瓶式容器包装，标签设计可以选择直接在包装容器上印标、套标、贴标；如采用袋式包装，标签设计则要结合包装袋的装潢设计同时进行。服装产品除直接缝纫或印刷在上衣领口、袖口、胸前以及裤腰部位的品牌型号标签之外，还需要细化标示品牌、型号、材质成分、价格、生产企业、产品使用维护方法等信息的吊牌式标签。陶瓷、玻璃、金属器皿等产品除粘贴或直接印刷在产品上的标签外，还需要结合包装设计附注更完善的标签内容，以及放在包装内的产品说明等。

（2）货物标签。商品作为货物在不断转运流通、仓储，标示流通与物体内容信息的标签，也是一类应用广泛的标签（标志）类型。这类标签的方式定位相对比较简明，已经形成统一规范的标准化要求。在《包装储运图示标志国家标准》中，对包装储运图示标志的种类、名称、尺寸、颜色、使用方法已有明确规定，可以根据对箱状包装、桶形包装、袋式包装、捆扎包装、集装箱、成组货物等包装图示标志的具体规定要求，选择相适应的标志与标签方式，同时在多类运输包装的标准中对运输包装的标记、标志方法都有具体明确的规定，作为设计参考的依据。

（3）商品销售标签。即在超级市场和商店等商品销售现场、货架上，标示商品类别、产地、特色、价格等信息的标签。大中型商场的商品销售标签设计，一般都是采用体现本企业自身形象标识特征的商品销售专用标签；小型商店的商品标签则多采用市场提供的商品通用标签。这类标签设计的定位，相对比较简易。

（4）电子标签、芯片标签、智能标签和特殊标签。这几类标签的设计涉及运用射频识别技术、微电子声像技术等现代识别技术，不是单一的平面艺术设计可以解决的问题。

总之，各种不同类型的标签设计的第一步，首先需要根据标签的用途和产品的状态、性质、用途、特点，结合包装方式和特定的标识要求，进行标签的材质和表现形式方法定位，才可进行下一步的具体设计。

2. 确定特定产品标签的基本内容形式

区分和识别不同产品的标签内容，一般都有产品名称、规格或者净含量、品牌、生产企业或经销商家名称与地址等信息。根据不同类型产品的用途与消费特点，标签内容有不同的细化要求。

例如，国家食品标签通用标准规定食品标签必须标注的内容有食品名称、配料表、净含量及固形物含量、制造者或经销者的名称和地址、生产日期、保质期或保存期、质量（品质）等级、产品标准号、特殊标注内容以及推荐标注批号、食品方法、热量和营养素等内容；饮料酒标签必须标注的基本内容有酒名、配料表、酒精度、原料量（啤酒标注原麦汁含量，果酒须

调味品的标签	调味品的标签
香皂标签	酒瓶标签
日化用品标签	
酒瓶标签	

标注原果汁含量）、净容量、厂名、批号、生产期（或保存期）、标准代号与质量等级；纺织品和服装使用说明标签，要求标注的主要内容有商标和制造单位、型号、规格、原料的成分和含量、产品特殊使用性能、洗涤方法（含能否氯漂、熨烫、注意事项）、穿着和使用时的注意事项、贮藏条件和注意事项及其他，并对标示图形符号有规范的标准要求。从上述三类不同产品的标签内容要求中，可以举一反三地理解不同产品标签内容要求的个性化特点与基本规律。

标签的用途和内容要求制约着标签的基本形式，标签的形式为吸引人们的注意和有效地标示传达产品信息而服务。如纺织品与服装的产品标签，只适宜采用在产品适当的位置直接印标、贴标或缝纫标签；而用在市场上的销售标签则只适用吊牌的标识形式。标签在外形结构、内容布局构图、艺术表现手法上要进行个性化的设计处理。如饮料酒标签的基本形式，要依据酒的品种、类型、性质和容器造型的特点，确定标签的基本形式和信息内容。

3. 标签的外形、结构、色彩与整体构图布局设计

一般情况，产品的标签多为方形或长方形（含套标），既方便排版印刷、裁切、加工，又节省材料成本。如用于圆柱体瓶形的医药、饮料、酒、酱、醋等大众化产品的标签，用于包裹捆扎式包装的糕点、土特产品的标签，大多数纺织品与服装产品的标签等，基本都是采用方形或长方形标签，主要是通过不同的版式构图和装潢艺术表现手法，展示不同品牌与不同类型特色的产品信息。然而，鉴于玻璃、陶瓷、塑料等各种不同形态的包装容器受贴标、印标等工艺的制约，标签的外形不可能都方形化；同时，还有一些高档产品为打破一般的方形标签模式，需采用其他形态的标签形式，从而就产生了产品标签的外形设计问题。另外，还有一些产品需要在产品和包装容器的不同部位，采用多个不同的造型规格的标签配套展示产品信息，这就使标签设计关联到配套标签的布局结构；还有的标签通过开窗、打孔、折叠等手法打破单一的平面效果，形成多层次或局部立体效果的个性化标签，这就使标签设计牵涉到结构设计问题。

1）标签的造型设计

所谓产品的标签造型，主要是指标签的外形设计。实际上在进行玻璃、陶瓷、塑料等材质的包装造型设计时，就应考虑到特定的贴标部位与形式设计，而具体设计标签的外形时，则在可贴标签部位区域形态的基础上，对标签的外形进行整体或某一部分的塑造。标签外形设计相对比较单纯，根据审美和展现特定内容信息的需要，可选择各种适合的几何造型，如较简明的方形、三角形、菱形、六边形、圆形、半圆形、椭圆形、方体圆角形等；或在几何形的基础上，对局部外形采取优美抽象的异形塑造；或模拟自然物形状，如简洁概括植物花卉、动物、产品的轮廓外形等作为标签的外形。

此外，标签的造型、结构与装潢设计，还与印刷、制作标签的材料具有直接的关系，需要简要提示说明。现代印刷、制作各种标签的材料除采用纸张和纸板外，一些复合材料、塑料以至金属片材也应用于标签。鉴于各类不同材质的片材造型都是采用裁切或模切工艺，标签造型设计方法与原则基本上是一致的，而其中有些立体造型的塑料标签，则需要采用模压成型工艺生产，故为丰富标签的造型设计提供了更自由多变的空间。同时，

食品标签与饮料标签设计

对于各种不同质感、色相、肌理、纹饰片材的合理选择应用，还直接影响标签的视觉设计和艺术效果。仅就纸材而言，有铜版纸、白版纸、各种平面色卡、彩色羊皮卡纸、众多色相的国宾公文纸、闪光纸等。熟悉各类材料的合理运用，对艺术设计具有不可忽视的重要意义。

2）标签的结构设计

标签的结构主要体现在产品配套标签的相互组合布局结构、标签中局部打破平面的三维立体形式。例如，饮料酒的标签设计，由于标签要标识的内容繁多，还要受酒瓶形状的制约，很难在酒瓶正面的一个标签中容纳全部的标识内容。因此通常采用正面主标（或称正标）标示产品名称、商标品牌、净容量、酒精度、生产企业名称与地址等产品信息，再通过背面副标（即背标）系统地标注配料表、原汁量、生产日期（灌装日期）、保质期（或保存期）、标准代号，以及中国名牌、国家认证标记等，来互补完善标签的全部内容。还有一些长颈酒瓶或异形酒瓶的标签，除正标和背标外，还要附加颈标、顶标和封口标来补充完善标签内容，因而，需要恰当地处理好配套标签之间的布局结构，使标签外形统一、协调。另外，为打破一般标签的平面效果，可利用面材切割折叠的立体构成手法，塑造局部的立体特异效果。

3）标签的构图布局

构图是将构思想象中形成的标签内容的组织形式，以形象视觉化的布局表现出来的活动过程；也就是将设想中的标签文字、图形内容形式，按照相互的主次关系有条理变化地组织表现到标签图面上的操作活动。构图要先即画出整体的布局草图，进而通过调整完善，确定最后的构图格局，再进行各个部分的深入刻画与精细加工处理。

标签与一般平面设计的构图形式都变化多样，在设计中没有固定不变的模式。为便于启发设计人员学习参考，就平面设计中常见的基本构图形式，现归纳分类简介于下。

（1）水平式构图。水平式构图是以水平线为主，错落平行的构图格式，具有画面平稳、庄重之感（图4-45）。

（2）直立式构图。直立式构图是以垂线为主，错落平行的布局形式，具有挺拔、刚正、明朗、庄重的视觉效果（图4-46）。

（3）垂直式构图。垂直式构图是以垂线和水平线交接布局的构图形式，具有刚正、平稳、庄重感，又富有变化（图4-47）。

（4）斜线与折线式构图。斜线与折线式构图是在平面上以斜线或折线的形式组织构成的布局方式。该构图方式打破水平与垂线的直立效果，具有动态、险峻的视觉力度感（图4-48）。

（5）弧线与波线式构图。弧线与波线式构图以弧线或波浪线为主，将平面分割成不同的曲面或波浪效果，再结合水平线式布局安排图文信息内容，具有流畅、活泼、动中求静的视觉美感（图4-49）。

（6）旋转式构图。旋转式构图是在平面上选定某一部位为轴心，从轴心部位以直线或斜线、曲线向外部某一方向，有序地排列分割平面空间形成旋转格局，再利用旋转空间排放图文信息。这类构图形式具有转动前进的感觉（图4-50）。

其他还有开窗式构图、对称式构图（图4-51）、向心式构图、发射式构图、波浪式构图，以及点、线、面构图等构图方式，都需要在设计实践中不断地探索、创新、发展。

总之，在标签构图布局中，构图格调形式变化无穷，没有一成不变的模式，只能根据标签的文字内容和图形的主次轻重，进行画面具体内容部

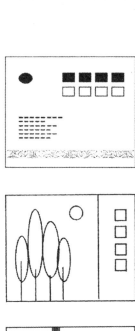
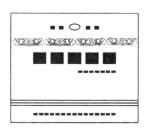

图4-45

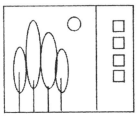
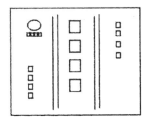
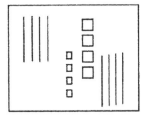

图4-46

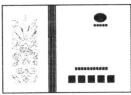
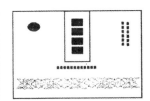
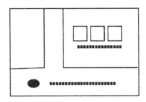

图4-47

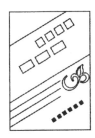
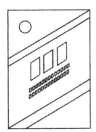
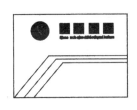
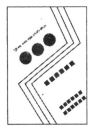

图4-48

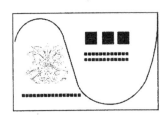
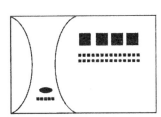
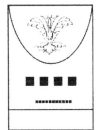

图4-49

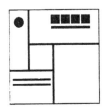

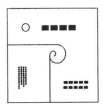

图4-50

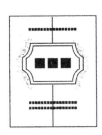

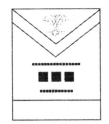

图4-51

图 4-45　水平式构图
图 4-46　直立式构图
图 4-47　垂直式构图
图 4-48　斜线与折线式构图
图 4-49　弧线与波线式构图
图 4-50　直线旋转式与曲线旋转式
构图
图 4-51　开窗式构图与对称式构图

位与大小空间的组织定位调节，达到突出主题内容信息、引人注目、整体形式协调的效果。

4）标签色彩的应用与配置

色彩是最引人注目的视觉元素。"远看颜色近看花"，就是对标签中色彩作用的简明注解，通过色彩从远处引人注意，到近处再细看图文内容信息。标签是现代商品包装不可缺少的构成部分，所有的产品标签都必须以特定产品或包装作为载体而展现，因而产品标签的色彩配置，要受特定的产品性质、用途与包装形式色彩的制约。标签的色彩设计不仅要展现产品的特色，还要结合标签载体的背景色调与深浅的互衬效果，思考标签色调与明度的视觉冲击力。因此，一般规格较小的标签色彩要尽可能地简洁鲜明，色彩配置不宜复杂。

由于不同产品标签按内容性质及品牌而有所差异，差异的色彩配置只能根据具体的标签内容、性质、要求，从标签的产品形象色、象征色、情感色、特异色等多种角度综合思考，进行色彩的配置和层次处理。

二、包装纸设计

（一）包装纸的概念

包装纸泛指贴体包裹糖果、巧克力、果丹皮、糕点、水果、冰棒、面条以至小五金等产品的包装材料，如不同质地、特性、规格的纸张、塑料膜、铝箔、复合材料等。包装纸是经济实用型的软包装大类，在产品贴体包装中应用十分广泛。为适应时代的进步和发展，包装纸的应用与包装工艺技术方式也发生了变化。如20世纪90年代以前，大小商店广泛应用给顾客包裹商品的包装纸，现在已普遍改用塑料购物袋；糖果、冰棒、雪糕等产品过去普遍采用糖果纸、玻璃纸包裹黏合、扭结包装的工艺方式，现在很大程度上被新型的复合材料与热压封合包装工艺取代，产品包装后的状态近似袋形，从而也减弱了设计师对包装纸的关注。

由于包装纸在包裹产品时，要适应产品的形体改变纸的平面状态，形成多面的立体效果，因此包装纸的设计，不仅关系到标签信息内容的视觉传达方式，还涉及包装的造型与结构问题，因而需要分别予以探索。

（二）包装纸的设计定位与造型结构设计

包装纸设计首先需要根据产品的性质与用途，以及消费人群与市场的要求确定包装的工艺方式，如采用裹包黏合或折叠插封，采用裹包两端扭结或单向扭结封合，采用包裹结扎方式或采用折合包装产品热压封口等工艺方式。现在还有一些糖果采用泡罩包装，打破了传统的包裹方式。因此，只有在确定具体产品的包装工艺方式后，才可依据产品的特性、用途与形

香甜的标签颜色

轻柔淡雅的标签
颜色

重颜色表现的电
子产品

态进行实质性的包装设计活动。

现代的液体和粉状产品基本都是采用袋式或瓶罐式包装容器，包装纸则主要应用于包装块状与固形产品，因而包装纸的包装造型与结构设计，一般都是依据固态产品的基本形状贴体进行包裹造型；同时也有些产品需要在包装纸封合的部位进行特定的造型与结构设计，改变固形物的原有现状，以起到美化产品、吸引顾客的作用。例如：一般的糕点、雪糕、口香糖、巧克力、水果等大多数固形产品的贴体包装，都是按产品自身的形态，通过贴体包裹压合或折合热压封口等结构方式进行包装；而有些水果糖的贴体包装或组合小包装，除按糖果已定的形状和果味设计包裹外，还通过包装纸将糖果包装塑造成元宝形、金鱼形、菠萝形、石榴形、橘子形等，包装纸的造型与结构，通常是在包装纸中心部位放入单粒糖果或数粒糖果组合成特定的形态，然后将糖纸整体向上包围单向扭结或束紧结扎成型，沿长包装纸外沿设计成鱼尾形、菠萝形或花瓣形，元宝形则需通过包裹与两端上方折叠压合成型（图4-52）。此外像面条等产品，还可以通过包装纸形成圆柱形或长方形包装效果。

柔性材料的软包装造型与结构设计，不能脱离具体产品的性质与形态，也没有固定不变的模式，只能根据不同类型产品的特征，在学习借鉴前人经验方法的基础上，在包装造型与结构的设计、实践、探索中发展。

图 4-52　采用包装纸包扎的食品
包装
可爱的凤梨酥包装盒设计。有些包
装不用看品名,就能直观地从外形
上一眼看出来内容物,非常地形象
和逼真。从远处便能看到货架上摆
着个"大凤梨",受到更多的关注。
这种类型的食品包装作为礼品赠
送也很有特色。

(三)包装纸的视觉传达设计

　　包装纸的视觉传达设计与标签设计的差异,主要在于标签基本是平面
信息传达设计,产品标签还必须依附在特定的产品或包装容器上而呈现,
而包装纸则是相对比较独立的包装概念,必须从包装产品的实用功能和视
觉传达功能的整体要求出发,在思考包装纸的选材、造型、结构设计的同时,
还需要结合产品包装的造型结构特点考虑产品标签的视觉设计定位与形式
风格。

　　1. 包装纸的图文整体构图布局

　　包装纸的图文整体构图布局也就是产品标签图文内容在包装纸上的印
刷布局安排。一般有两种情况,对于包装正面较大的包装纸,可以参照普
通产品标签设计的原则与方法,在包装纸的正面主要部位安排标签的图文
内容;对于产品体积较小的包装纸,可以根据标签的内容在包装纸的主要

展示部位突出安排产品名称、品牌等主要信息，其余内容布局在产品包装的两侧或背面补充完善。也有一些包裹结扎式的产品包装，标签单独设计印刷，附加在包装纸之外通过粘贴或捆扎方式固定展现产品信息。

2. 文字与图案的精细刻画加工

包装纸的图文设计精加工与标签设计的原则方法是一致的，可以直接参考借鉴。

3. 包装纸的色彩配置

包装纸的用色是关系到体现产品整体形象风格、烘托商品特性气氛、引人注意的重要环节。因而，首先设计产品包装整体底色的色相与冷暖调做倾向处理，进而再根据包装整体风格定位的要求，在包装整体背景色调中进行图形、文字的色相与明度对比、协调配置，凸显产品与品牌的个性化特色信息。对于需要展现产品实物的玻璃纸、塑料膜包装，包装与标签的色彩配置要尽可能有效地衬托产品，同时要注意处理好与同类商品在市场货架上摆放时的视觉冲击效果。

国外包装纸设计

第五章　包装系统设计

第五章　包装系统设计

第一节　系统的概念与内涵

系统的概念最早源自对生态系统的研究。1866 年，德国生物学家海克尔（Haeckel）针对研究生物有机体和环境的关系，提出系统的概念。英文 system 一词，来源于古希腊语，是由部分组成整体的意思。中文对 system 的解释有许多，如体系、系统、体制、制度、方式、秩序、机构、组织等。把系统作为方法论的是路德维希·冯·贝塔朗菲（Ludwig von Bertalanffy）。

所谓系统，是指处于一定相互关系中并与环境发生关系的各组成部分的总体。可以把系统理解为：由相互有机联系且相互作用的事物构成，具有特定功能和运动规律的一种有序的集合体。亚里士多德（Aristotle）曾指出，整体大于各孤立部分之和。这是一般系统论关于系统的一个基本观点。

一个系统是一个包括各个对象和这些对象与它们自身属性关系的整体。系统可以被定义为相互作用着的若干要素的复合体。任何一个系统都和环境产生关系，所以，系统构成包括三个基本成分：要素、相互关系、环境。要素是系统的基本成分，如包装设计中的要素包括图形、文字、色彩、结构、造型、材质等。要素的变化可以引起系统结构和性质的变化。环境是系统功能的外部环境或者说是系统功能外化的物质形式和社会背景，如一个包装设计风格的形成，与它所处的时代背景、科技水平、人文环境等相关联。一个系统不是简单的因素相加。

现代设计的环境已发生了根本的变化，设计的因素也更为复杂，以往凭借设计师个人直觉与经验开展设计的方法受到很大的挑战。如果没有整体性、综合性、最优化的观念，没有系统分析的方法，没有跨学科的合作，往往不能迅速、全面、准确地把握设计对象及设计目标。系统论的思想和方法，对我们分析认识与设计有关的各种因素有很好的指导意义，它强调的综合与创新是其根本目标。设计必须把理性、系统的方法与感性、直觉的思维有机结合起来，才能相得益彰、互为促进。

系统设计的方法，是从系统观出发，始终着眼于整体与部分之间、整体与外部环境之间的相互联系、相互作用和相互制约的关系，综合、精确地考察对象，以达到最佳处理问题的一种方法。其特点是整体性、综合性和最优化。

第二节　系统思维方式及其程序

一、系统思维方式

现代系统科学不仅为人们提供了科学的系统观，还为人们提供了崭新的系统思维方式。系统思维方式是解决现代设计过程中复杂问题必备的思维方式，是根据人们解决复杂系统的经验而总结出来的现代科学的思维方式。它是根据创新工作的系统性特征，从系统整体出发，着眼于系统整体与部分、部分与部分、系统与环境之间相互联系和相互作用的关系。它的产生是人类认识方法的一项革命，它为庞大而复杂系统的分析、设计、研究、创造和控制提供了最优化的手段。系统思维认为各要素组成的整体，具有不同于各要素功能简单相加的新功能，它揭示了整体不等于部分之和的道理。系统思维方式作为一种现代整体思维方式，其方法在于如实将具体研究对象，看做各要素以一定的联系组成的结构与功能统一的整体。系统思维的核心是注重系统中的联系、关系和相互作用。

现代系统思维方式是科学的世界观和方法论的具体体现，是思维在创新活动中的运用。它伴随着现代科学技术的发展，以及生产规模的日益扩大、市场经济的迅猛发展和社会生产高度集约化而产生，因此，将现代系统科学提供的系统思维方式和方法运用于包装设计活动之中，是创造包装形象视觉设计的最佳途径。

二、系统思维方式的程序

在现代设计的过程中，科学合理地按照系统思维方式的程序进行一系列的创造活动，能有效地达到最优化效果。系统思维方式的程序如下。

第一，提出设计创新思维的问题。这是运用系统思维方式的第一步。它要求设计者站在全局的高度，从设计系统特点出发，科学地提出系统思维的问题。问题的重点和目标选择应该是一致的，并对问题的历史改革过程、现实基本情况等做出科学的系统分析。

第二，设计创新思维目标的选择。在选择系统思维目标时，应对其目标的性质、评价、价值及其实现的可能性等，做严格的考察和分析。系统思维方式以问题为起点，又以解决问题和所达到的最终目标为终点，因此对思维目标的选择极为重要。目标选择的实质，是选择具体评价系统功能的目标函数，这是评价系统最优化的客观依据。

第三，设计创新思维的综合。要求在使用辩证思维方法时，围绕着准确的目标进行综合系统的思维考察。可以从不同角度制订一些具体实施方案，然后，对这些方案进行评估、筛选、科学论证后，保留一种或两种方案，对其保留方案再进行定性分析和定量分析，以定性分析和定量分析的综合结果为依据，做出系统综合的结论。

第四，设计创新思维的评估。其目的是实现目标、解决问题和满足。要求深入分析和理解拟采用的实施方案，从多层次、多角度运用系统分析方法对方案进行评估。

第五，设计创新思维方案的最优化。对各种模拟方案的选择，尽可能选择各项数据和系数都能满足目标函数要求的最佳方案，这是决策问题的关键。

第六，设计创新思维的实施。在方案制订后，运用系统思维方式，做出实施方案计划，可以运用反馈控制方法进行大系统控制。

实践证明，严格按系统思维方式的各种步骤进行系统思维分析，最后做出决策的实施，可以保证实现系统目标的最佳化。

第三节　包装系统设计概述

一、多学科交叉下的包装系统设计

包装系统思维方式源于现代系统思维方式。包装系统设计是以系统思维方法论进行的主动而自觉的跨学科、跨专业的综合性设计。它弥补了单一学科和单一专业的不足。现代设计是集艺术、科学、经济、技术于一体的综合性设计，涉及面很广，包括工程技术、社会人文、经济、金融、信息媒体、美学、市场营销、心理学和企业管理等多方面知识。它应用系统论的思想和方法进行整体的系统分析和系统综合，选用最优化设计，最终达到设计目标。在包装系统设计中，跨学科的交流和协作是非常必要的，它是设计发展和进步的重要手段和途径。随着社会、科技、经济、文化等不断发展，设计师所面对的课题也日趋复杂和综合，有些设计所涉及的知识范围越来越广，远远超出设计师的个人能力及自身专业的范围，已无法单独有效地解决，因此，要求设计师具有良好的跨专业、跨学科的协作能力和综合能力。跨学科的设计可以从不同角度、不同专业领域看待问题，形成换位思考与互动交叉思考的优势。运用系统思维进行设计，更能激发创作灵感，产生崭新的想法与设计构想，为设计增添新的光彩。

随着人类文明的发展，物质财富和精神生活的不断丰富，社会生活节奏的不断加快，粗放型一体化的艺术设计模式已无法满足社会大众日益精致化的生活需求。由于许多专业人员过多地关注本专业的研究，使许多相关专业间缺乏联系和协调，与此同时，派生出诸多社会问题和超出本专业范围的相关问题，这时就需要设计人员立足本专业，进行放眼全局的跨专业合作的系统设计。它将满足人类不断发展的需要，使设计有新的转机——思路发生转变，视野更加开阔，视角更加新颖。

在 21 世纪的今天，学科交叉已成为社会发展的必然规律，新学科的诞生正是学科交叉的成果。交叉能迸发出新的火花，开辟出新的领域，创建出新的成就。包装系统设计就是一个多学科交叉的产物。

包装系统设计紧密依附于各个学科，从各个侧面扮演着学科成果转化的直观角色。它的根本任务就是把每一学科的成果通过包装表现出来。各个学科的成果为包装系统设计提供了日新月异的表现内容，如新型复合材料的出现，为包装带来了新的功能、新的形态和新的视觉美感，也为消费者带来了更多的便利。

二、包装系统设计的构成

任何系统都是由若干相互联系的要素构成的有机体，离开要素就无所谓系统。包装系统与任何系统一样，由要素、结构和功能因素组成。

包装要素和包装系统是一对相对存在的范畴。包装要素是相对于所组成的包装系统而言的，是包装系统的部分；包装系统是包装要素的整体。

包装结构是若干包装要素相互联系、相互作用的方式，是包装系统保持整体性及具有一定功能的内在依据。它具有有序性、整体性和稳定性三个特征。有序性是指任何系统都按照一定的规律构成自身特征，这种规律往往通过一定的时空状态体现出来；整体性是指包装结构在时间和空间上的有序性，使包装结构内部诸要素之间的相互联系、相互依存和相互作用形成一个有机的整体，它使包装系统中各要素失去孤立存在的性质和功能；稳定性是指包装系统结构的有序性和整体性，会使包装系统内部诸要素之间的作用与依存关系产生惯性，即显现出动态平衡态，维持着包装系统的稳定性。

包装系统与外部环境相互联系和作用过程的秩序及能力称为包装系统的功能。包装系统的功能体现了与外部环境之间物质、能量和信息输入与输出的变换关系。

包装系统结构是包装系统内部各要素相互作用的秩序，而包装功能则是包装系统对外界作用过程的秩序，包装结构与包装功能说明包装系统的内部作用与外部作用的关系。

一般所说的系统环境是指系统之外的所有事物。环境是系统存在与演化的必要条件和土壤，它对系统的性质和演化方向起着一定的支配作用。系统和环境之间，通常都有物质、能量和信息的交换，两者互为作用。包装系统与环境是根据时间、空间及所研究的问题的范围和目标来划分的，因此，包装系统与环境是相对的概念。一个系统的环境可以看做更大系统的一个子系统，同时，一个子系统也可以从更大系统中分离出来，变成一个独立的系统。

包装系统的构成可以从多角度来分析和解构，它包括了多个方面，所涉及的面也很广。包装系统设计可以从设计、生产、销售、消费、回收处理等几个方面来考虑，而每一个方面又可再分，如设计，又可分为造型、色彩、文字、图形、结构、材料、审美、人机、人文、社会、民俗等。

第四节 包装系统设计方法

包装系统设计，包括包装系统分析与包装系统综合两个方面。包装系统分析是包装系统综合的前提，通过分析为包装设计提供解决问题的依据，进一步加深对设计问题的认识，启发设计构思。没有分析就没有设计，但分析只是手段，只有对分析的结果加以归纳、整理、总结、完善和改进，在新的起点上达到包装系统的综合才是目的。

包装系统分析和包装系统综合是系统论的基本方法，它将对象作为整体对待，其基本原则是局部与整体相结合，从整体和全局上把握包装系统分析和包装系统综合的方向，以实现包装整体系统的和谐高效为总目标。

包装系统是一系列有序要素的集合，各要素之间具有一定的层次关系和逻辑关系，揭示包装系统要素之间的关系是包装系统分析的主要任务。包装系统分析除整体化原则之外，还要遵循辩证性原则，把内部、外部的各种问题结合起来，局部效益与整体效益结合起来。

一般说"分析"先于"结合"，对现有的包装系统可在分析后加以改善，达到新的结合；对于尚未存在的包装系统可收集其他类似系统的资料通过分析后进行创造性设计，达到综合。

包装系统分析就是为使设计问题的构成要素和与包装有关因素能够清晰地显现，对包装系统的结构和层次关系进行分解，从而明确包装系统的特点，取得必要的设计信息和线索。把包装所涉及的功能性、经济性、审美性等多方面因素，采用包装系统分析和包装系统综合的方法进行包装设计，把诸因素的层次关系及相互联系了解清楚，发现问题，解决问题，并按包装系统目标综合整理出对设计问题的解答。

包装系统分析是一种有目的、有步骤的探索与分析过程。在这个过程中，设计人员从包装系统长远和总体最优出发，确定包装系统目标与准则，分析构成包装系统的各层子系统的功能和相互关系，以及包装系统同环境的相互影响。然后在调查研究、收集资料和系统思维推理的基础上，产生种种设想，探索若干可能的方案。包装系统分析是包装系统设计与包装系统决策的基础。

包装系统作为许多分系统和组成要素的集合，通常是非常复杂的。除了在整体上把握包装系统的特性外，还应对其进行解析，把大系统分解为若干分系统，分系统可进一步分解。不管多么复杂的问题，都可以通过分解达到条理化。但在分解时要注意程度应适当，过细或过粗都不利于分析，同时，分解要选择好位置，以免分析时受到干涉。

包装系统分析没有特定的技术方法，它因分析对象和问题的不同而不同。各学科的定量、定性的分析方法原则上都可以为包装系统分析所使用，包装系统分析时，定时分析和定性分析应相互结合。

包装系统分析的概念涵盖了包括调查研究，总目标确定，包装系统总体分析，包装系统宏观、微观模型等方面的内容。

Monster Milk（怪物牛奶）品牌整体包装，来自俄罗斯设计师 Levap Vonay1

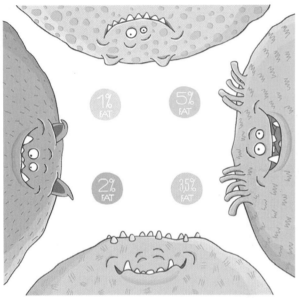

Monster Milk（怪物牛奶）品牌整
体包装，来自俄罗斯设计师 Levap
Vonay1

个性牛奶品牌形象包装设计系统
简单清新的颜色配上可爱俏皮的
水果插图，逗人色彩的图标运用让
人尤其是小朋友们难以自持，非常
卡通。

Wild Turkey 野性土耳其之酒包装整体设计
设计师重新对土耳其的一种叫做野性土耳其之酒进行了品牌形象的塑造，将此品牌进行澳大利亚本土化的形象创意，让它更好地成为澳洲本土人更有亲和力的包装设计外观。设计师是来自澳大利亚的 Saltmine。

季节性快餐 EAT 包装设计系统
包含菜单表、包装袋、餐巾纸等。

第六章　食品包装设计

第六章 食品包装设计

第一节 食品包装的作用和功能

一、食品包装的作用

食品对于从事包装的人来说，是再好不过的对象了。因为，人人都要吃，而且天天都在吃，人和食品打交道的机会最多。在平时的设计中，食品包装的数量最多、内容最广，而且最讲究卫生和质量。为防止食品变质，在食品包装上运用的材料、技术、工艺最多、最新，这就不断地推动了食品包装业的发展和进步。

现在越来越多的食品通过包装后才送到消费者手中，越是发达的国家，商品的包装率越高。包装业已成为衡量一个国家经济发展水平的一面镜子。在国外几乎每件商品都是有包装的,尤其是食品。美国著名设计师沃尔特·兰多曾说过，"在美国几乎没有产品未经包装就可以推销到消费者手中。"英国规模巨大的梅道博公司经理认为："大多数情况下，包装和所包装的商品已经很难区分。"可想而知在国外，包装尤其是食品包装在商品经济中的地位和作用是不可低估的。

目前，包装与商品已融为一体，尤其在商品经济国际化的今天，包装作为实现商品价值和使用价值的手段，在生产、流通、销售和消费领域中，正日益发挥着重要的作用。

二、食品包装的功能

食品包装具有以下几方面的功能。

（1）运输功能。即将商品迅速、安全地送到储藏地或销售地和消费者手中。

（2）防护功能。保护商品免受雨淋、潮湿、暴晒、腐蚀、破损、变质、防菌、防污染、防氧化、防挥发、防渗漏、防震等，从而延长商品的寿命。如真空、无菌包装等。

（3）集散功能。把零散的商品用包装物集中起来，按不同数量、体积、重量构成一个整体单位（即中包装或大包装）。如一条烟、一箱酒等。

（4）方便功能。即为了方便生产、销售和方便消费的一些包装形式。如瓶装的胡椒粉、芥末、色拉调味汁，不用开盖即可使用。

（5）装潢功能。食品包装能增加产品的外观美感，对流通环节起着启

国外食品包装设计

示作用。它使消费者通过装潢设计了解产品的有关信息，同时，能增加其商品的附加值，对消费者的欣赏趣味起着潜移默化的作用。

（6）促销功能。包装无论大小、内外都应有利于销售，起到降低成本、节省流通费用的功能，起到"无声售货员"的作用。据西方对购买行为的研究证明，60% 左右的消费者购买商品是受包装装潢的刺激才做出突发性购买行为的。这说明包装装潢是最得力的推销工具。

第二节 丰富多彩的食品包装形式

一、方便使用的形式

（一）软包装

软包装一般是指采用韧性材料厚度不超过 0.5mm 的包装。有许多软包装是由各种不同功能的复合材料制成的。不同的复合材料有不同的作用，其中防潮性能较好的有聚乙烯、聚酯、聚偏二氯乙烯、玻璃纸复合，密封性能较好的有聚酯、尼龙、聚偏二氯乙烯、聚偏二氯乙烯复合，防止紫外线穿透的有纸、铝箔复合。还有用不同性能的纸复合材料做成的杯、盘、盒、袋等包装，替代了过去的瓶、罐、桶的包装形式。尤其在食品包装中，大量运用软包装的形式。如饮料、乳制品、糕点、茶叶、快餐食品、冷冻食品、真空包装盒无菌包装等（图 6-1）。

图 6-1 各种软包装食品

软包装在各种包装形式中占相当重要的地位，而且应用十分广泛。它不仅能保鲜，符合各种卫生要求，而且轻便、安全、方便使用、方便销售、方便运输、节约空间、便于回收，具有很好的视觉效果。有些材料本身还有很好的材质美感，已成为现代食品包装的重要包装形式。

包装形式的发展和现代化科技的发展是分不开的，新的科研成果往往在包装上的体现最为明显，尤其是软包装，它的独特个性和优势决定了它必定得到广泛的发展。在设计这类包装时，值得注意的是色彩的运用，力求简洁、明快，使画面上留出一部分包装材料的本身质感，更好地烘托材质美和现代感。

（二）复用包装

复用包装不同于一次性使用的包装，它有其自身的价值。它具有独特的造型和鲜明的个性，而且具有再次重复使用的功能。如有些酒的包装设计，酒瓶的造型非常奇特，一般都是异形瓶，不仅材质好、造型美，而且非常精致，制作工艺考究，价格比较昂贵，使人爱不释手。这些酒瓶，喝完酒后可作为工艺品陈设、欣赏。有的还有特殊的纪念意义和保留价值。如有些茶叶筒、饼干盒包装也可作为重复使用的包装；还有儿童食品、儿童用品包装，它的外形设计如同一个玩具，吃完或用完里面的内容物后，外包装仍然可以用做玩具，如小汽车糖果、小篮子积木、圣诞老人靴子糖果、双层巴士饼干（图6-2）等。

复用包装无论是造型还是装潢上都要求更加精致耐看，具有独特性；在材料上要有所创新，在形式上要有强烈的个性，给人赏心悦目的美感。特别要强调的是为儿童设计的包装，一定要考虑到它的安全性和儿童的心

图6-2 复用包装
国外饼干包装，其外形是双层巴士的样子，吃完里面的零食，外包装仍然可以用来作为玩具，深受小朋友的喜欢。

理需求，不能有太多的尖角，要符合儿童玩耍的需求。复用包装是最能体现现代工艺水平的包装形式。现代工艺的不断发展，带动了复用包装的发展，也使它的形式更趋完美，越来越精致。

（三）适量包装

适量包装主要是指采用单件适量的包装，以方便各种不同的需求，也是为了控制一次性使用的数量，为方便有些产品一次消费不完而造成的不必要的消费。如食品包装中果冻、果酱等，为方便食用做成 25g 的小包装，使人可以同时享受和品尝多种口味。

适量包装的发展兴起，是经济发展到一定程度的体现，也是人们生活水平提高的表现。今天当我们走进超市或商场时，大量的食品包装都有小的适量包装，如饼干、糖果、糕点、小食品等。有些药品、日用品、纺织品也采用适量包装的形式，方便消费者更好地使用（图 6-3）。

（四）易开启式包装

易开启式包装是指我们常见的易开罐、易开瓶、易开盒及手提式盒、袋、桶等。这种包装形式更加注重它的科学性和合理性，也更加巧妙，方便使用。这其中包括拉环、按钮、扭断式、卷开式、撕开式、拉链式等。易开纸盒一般都在盒的顶端部设计一个断断续续的开启切口，或一条开启带，用手指一按或一撕即开。有些易开袋，是用阴阳槽切合或拉链式，使用非常方便。有些罐装食品外加一个塑料盖，使开罐后能重复使用（图 6-4）。

易开启式包装在功能上力求科学合理，技术性很强，是现代科学技术不断提高的产物。因此，这类包装的设计形式也更加具有现代感、时尚感，往往采用流行的色彩、较活泼的字体和抽象的形式，使艺术性与科学性相互协调，产生耳目一新的现代包装形象。常见的采用这类包装的商品有可乐饮料、罐头、麦圈、洗衣粉、保健品、文件袋等。

图 6-3　适量包装
国外巧克力包装。

图6-4

图6-5

图 6-4　易开启式包装
易拉罐。
图 6-5　可叠式包装
国外宠物食品包装。

二、方便销售的形式

（一）可叠式（堆叠式）

　　为了充分利用展示空间，尽可能地将瓶、罐、盒、桶堆叠起来进行展销，这样既节省场地又有良好的视觉效果，使个体的包装形成一组或一个群体，给人留下深刻的印象。这就要求在设计这类包装时，应考虑到它的陈列和堆叠后的整体效果，能否产生强烈的视觉冲击力来吸引消费者。如图 6-5 所示，宠物食品包装，底部面积较大，正好可以使包装底部稳定地落在另一个包装盖上，堆叠起来，这种形式在拥挤的超市中占一定的优势。

（二）可挂式（悬挂式）

　　可挂式也是为了节省展销场地的一种包装形式，有吊钩、吊带、网兜、吊牌等多种形式，也有直接从产品上或包装上开孔悬挂的。设计这种形式的包装时，一定要巧妙、合理，要和包装的整体设计风格统一协调。

（三）展开式（陈列式）

展开式是一种特殊造型结构的摇盖式包装盒，打开盒盖可以从折叠线处折转，并把盒子的舌头插入盒子内侧，盒面的图案便显现出来，与盒内商品相互衬托，具有良好的陈列和展示效果，也有人称之为陈列式。设计这种形式时一定要兼顾展开与不展开画面的完整性和协调性，还应该考虑到它的趣味性，这样才能吸引消费者的注意，达到促销的作用（图6-6）。

（四）透明式（开窗式）

透明包装又可分为全透明、部分透明和开窗式包装。其作用在于使消费者能直观地看到商品，满足人们眼见为实的心理需求，因此比任何包装形式更具有直观性和方便性。无论是食品还是日用品、纺织品，采用这种形式有利于在商品竞争中取得一席之地。由于透明材料所具有的光泽，使产品经过包装以后更加产生出一种超乎该产品本身的感染力。现在的食品，如面包、糕点（图6-7）、小食品、速冻食品等大多采用全透明或部分透明的形式，满足人们想直接看到食品的心理需求。

在设计透明包装时，要考虑到材料的特殊性，应充分发挥透明材料透明、有光泽的优越性，以简洁、明快的方法来表现。标签在透明包装中的位置非常关键，它起到画龙点睛的作用。

图6-6

图 6-6　展开式包装
Colombo 茶叶和咖啡包装。
图 6-7　透明式包装
糕点包装。

图6-7

三、扩大销售的形式

（一）系列化包装

系列化包装是国际包装设计中较为普遍的流行形式，它是一个企业或一个商标牌号不同品种与不同规格的产品，利用包装的视觉设计，采用多样统一的视觉特征，形成多种包装互相间具有共同象征联系特色，而又各具独立特性的商品包装。它能使消费者一看便知是某企业或某品牌的产品，但每一种产品包装又各有其自身的特点和个性。它可以形成某企业所经营的大家族，在竞争中有利于以众压寡，吸引人的注意，给人留下整体的印象，从而创立品牌；也有利于创造良好的企业形象，可以起到扩大销售的作用。一般消费者购买了系列产品的其中一件，如果对其质量满意的话，会再去购买这一系列的另外的产品，这无形中就扩大了销售。

系列化包装可分为大系列、中系列和小系列。

（1）大系列。凡属于同一品牌下所有的商品或两类以上商品，用同一种风格设计的包装称为大系列。完整的大系列不仅指企业内所有产品的设计风格统一，连同公司、企业、工厂内所有的一切，包括建筑、设备、办公用品、交通工具、服装、广告宣传等都是统一的风格，这些设计也就是通常所说的"CI设计"，即企业形象设计。它是企业的识别战略，也是体现一个企业雄厚经济实力的最好展示，能强有力地扩大企业形象的影响，有利于创名牌。

（2）中系列。即属于同一商标统辖的同一类商品，按性质或功用相近引入同一系列。如某一品牌的果汁系列，包括苹果汁、橘子汁、水蜜桃汁、草莓汁、杨桃汁等，属于中系列包装（图6-8）。

（3）小系列。单项商品但有不同型号、规格、滋味、香型、色彩等称为小系列。如某一品牌同一种茶叶的包装，有500g装、250g装、150g装，甚至还有20g装的小包装，这些都属于小系列包装（图6-9）。

图6-8 中系列包装
图6-9 小系列包装

图6-8　　　　　　　　　　　　图6-9

总之，系列化包装是一组格调统一的群包装，在设计时要遵循多样统一的原则，在统一中求变化，在变化中求统一。目前市场上许多产品都采用这种形式的包装设计，尤其是化妆品包装运用更为广泛。

（二）成套包装

成套包装是指将不同种类的商品进行成套包装的形式。它的对象可以是一起生产、一起陈列、一起销售或一起使用的商品。如成套的儿童服装，成套的化妆品、洗涤用品，成套的快餐、糕点、糖果，包括现在节日的新鲜水果、海鲜、蔬菜、肉类套盒、大礼包等（图6-10）。

总之，成套包装给人以精致、完整的高档感，可作为礼品包装。要求在设计时注意构图的完整、严谨，色彩的协调统一，构思新颖、独特，有趣味性，制作工艺精良，有较高的品位。

（三）成组包装

成组包装是指将同一种商品进行成组设计。其目的在于促进消费者对商品进行汇总购买，增加销售量。成组包装在设计上要注意色彩、文字、图形的整体协调性、完整性，如可口可乐公司的六瓶包装，就是成组包装。还有啤酒、乳制品等包装，把它们进行成组设计，可达到扩大销售的目的（图6-11）。

（四）广告式包装

广告式包装也称为POP（point of purchase）包装，就是在店面或店内竖立起来的告示牌、宣传卡，吊着的旗帜等的总称。为了突出商品进行自我宣传而采用的广告式包装，是在激烈的商品竞争中兴起的一种包装与广告相结合的形式，它能强化商品宣传效果，节省广告费用。在设计这种包装时应注意以下几点。

图6-10 成套包装
图6-11 成组包装

图6-10   图6-11

图 6-12　广告式包装
雀巢复活节巧克力彩蛋包装，非常
独特和吸引眼球。

（1）力求醒目。要使其具有很强的吸引力和视觉冲击力，给人留下强
烈的印象，使人过目不忘。

（2）有趣味性。设计要有趣味性，使人们看后能产生兴趣进而产生共
鸣，更重要的是必须简洁明了地表达商品的特性、优越性、用途及使用方法，
使消费者非常愉快地接受商品信息。

（3）具有心理效应。有了心理效应才能产生购买行为，达到促进销售
的目的。POP 包装就是在现场做广告，所以特别重视现场的心理攻势，力
求表现该产品的品质优良、价格便宜、新颖美观、使用方便等优点，触发
消费者的强烈购买欲。

总之，设计 POP 包装，要有新意，要使商品名称、标志、图形、文字
和色彩的表现有鲜明的特色，要非常巧妙地运用好包装的结构，注重它的
科学性、合理性（图 6-12）。

第三节　食品包装的色彩

食品包装必须能引起人们的食欲，要给人一看就想吃的感觉。食品包
装突出其美味感，很大程度上取决于食品包装的色彩。色彩在包装装潢设
计中有着举重轻重的作用。人们经过长时间的积累，已形成了商品与色彩
的固有概念和联想，看到某种色彩就容易使人联想起某种食品的色、香、味。
如看到奶白色，就会联想到香喷喷的奶油；黄色就会联想起新鲜的橙子或
松软的蛋糕、面包。而有些色彩搭配则不会使人产生食欲感，就不适于应
用在食品包装上，但也不是绝对的。色彩与色彩有机地结合、协调搭配，
会产生出奇制胜的效果。

色彩的感情作用在食品包装上运用显得尤为重要。人们生活在五彩缤纷的色彩世界，对色彩有着特别敏感的反应，生活经验形成了各种条件反射，如红色的太阳、火焰，白色的雪山、云朵，绿色的草地、森林，蓝色的天空、海洋。不同的色彩对人们产生不同的心理作用。同一颜色因消费者不同的年龄、性别、民族、环境、爱好等，给人的感觉也是不同的。我们的包装装潢设计正是要充分利用色彩给人的不同感情作用、联想作用来表达不同含义和寓意，使色彩更好地反映商品的属性，适应消费者的心理。色彩的魅力在很大程度上取决于把握人们心理的程度。同时，色彩设计还要适应国内外不同地区、不同民族的爱好和习惯，从而达到促进销售的目的。

色彩给人不同的感情作用，包括冷暖、轻重、软硬、厚薄、香臭、华丽和质朴等感觉。

（1）冷暖感。当人们看到红、橙、黄等色彩的时候，马上会联想到火、温暖、光明，我们称之为暖色。而当人们看到青、蓝等色彩时就会联想到天空、海水、清泉，产生清凉感，我们称之为冷色。在食品包装上根据不同的食品特性，充分运用好冷暖色，会给包装增添光彩。如设计薄荷糖包装，应考虑运用冷色；设计橙子饮料则采用暖色更为合适（图6-13、图6-14）。

（2）轻重、软硬感。轻重、软硬的感觉是色彩带给人们的心理上的感觉，它取决于色彩的鲜明度和对比度。一般明亮的色彩有轻而软的感觉，明度低的暗色，会给人较重和硬的感觉。如蛋糕、面包等包装，一般都采用明亮的色彩，给人松软、新鲜的感觉；巧克力则多用深褐色或较暗的颜色来表现坚硬的质地（图6-15、图6-16）。

（3）香臭感。经专家调查表明，人们对食品的味感特别敏感，而色彩往往就关系到这种味感。人们对食品包装的色彩往往喜欢用习惯色。现代食品包装追求清洁、卫生、防腐、保鲜的功能，色彩在这一方面起着很重要的作用。如果色彩搭配得当，会给人芳香可口、垂涎欲滴的美味感。如乳白色的奶油、冰激凌，奶黄色的蛋糕都给人一种香喷喷的奶香味；橙色的鲜橙汁给人新鲜可口的感觉。但是，某些晦暗、陈旧的色彩，如果运用不当，则会给人一种食品变质、发霉、腐臭的感觉，会直接影响到销售，造成不良的后果（图6-17）。

（4）华丽、质朴感。食品包装中有些设计追求富丽堂皇、雍容华贵之感，这就需要用色彩明快的颜色来表现。但有些古老的传统食品或土特产，则需要表现一些乡土味或质朴感，可以运用较稳重的灰色或淡雅的色彩，来体现一种淳朴、素雅的感觉，也更加符合其商品的属性（图6-18）。

图6-13　冷色包装
Eléia 橄榄油包装。
图6-14　暖色包装
图6-15　轻柔感包装
国外蜂蜜包装。
图6-16　重质感包装

图6-14

图6-15

图6-13

图6-16

图6-17　质朴感包装
图6-18　具有味觉感的包装

图6-17　　　　　　　　　　　　　　　　　　图6-18

一件好的包装装潢作品，其色彩效果的优劣，并不取决于用色的多或少，关键在于对色彩的选择搭配是否合适，是否能很好地利用色彩来充分体现商品的属性。

第四节　食品包装设计的要求及表现手法

一、食品包装设计的要求

食品包装要有一个能表明商品真实属性的名称，要有简要的说明、使用方法、净含量、出厂期、保质期、成分说明，还要有商标、生产厂家及地址和必要的条形码。设计食品包装时一定要有鲜明的标签，要有一些能引起消费者联想的图形或照片，色彩要能充分反映食品的特征，要有安全使用的说明。对儿童食品包装，尤其要注意保护儿童的健康，要方便儿童使用。对老年人也应加以关爱，设计出符合老年人生理特征的包装。

二、食品包装设计的表现手法

（一）摄影

在食品包装上采用摄影的手法，追求一种直观效果，是非常行之有效的手段，也是当今国际食品包装设计的趋势。设计者通过高超的摄影技术可以将食品的色、香、味表现得淋漓尽致，给消费者以直观的感受和丰富的联想。它的特点是真实、可信、食品味浓、感染力强，比其他手法更显得逼真。因此也更容易被广大消费者所接受，尤其是在表现一些中低档食品时，这种手法运用得更为广泛（图6-19）。

（二）绘画

在食品包装上运用绘画的形式同样可以达到逼真的程度，它的长处是摄影所不能代替的，它更有创造性，更具有人情味和趣味性。在国外许多高档的食品包装，往往采用的是绘画的形式而不是摄影的形式。历史悠久的传统食品和名贵食品，多以古典风格的绘画来创造一种古老的传统气氛，以显示商品的高贵感和历史感。在欧美一些国家，追求回归自然、复古、返璞归真，强调手工感，以体现其高品位、高质量。儿童食品也往往采用充满趣味的动画、卡通形式，运用夸张、活泼、可爱、有吸引力的漫画形象，针对儿童心理而采取最富于诱导力的绘画形式（图6-20）。

另外，也可用水彩、水粉画的技巧或喷绘技术等特技效果，来突出表现食品形象的体积感、逼真感，使主题更加突出，吸引消费者。

（三）抽象

有些食品包装的画面，并不直接表现食品的具体形象，而是运用抽象的点、线、面所组成的图形和色彩，来表现商品的概念，传达一种理念和精神寓意。如可口可乐饮料，它不可能用具体的形象来反映，加上其牌名本身就是抽象的，所以适合用抽象的形式来表现，红底上白字，加上一条白色的波纹曲线，非常流畅，而这条曲线是经过测试的，完全符合人们的心理和视觉需求。红色让人热血沸腾、激情洋溢、活力充沛，它已成为可口可乐的一部分。这个包装简练、明快、醒目，有强烈的视觉冲击力，为可口可乐的畅销立下了不可磨灭的功劳（图6-21）。

（四）装饰

在食品包装上有许多商品运用装饰的手法，尤其是一些高档的传统礼品包装，如月饼、茶叶、酒的包装，成功运用了装饰的手法。中国的装饰艺术具有强大的艺术魅力，为广大人民群众所喜爱，同时，也为世界人民所认同，它本身就蕴涵着吉祥如意、美好祝福的寓意，直接运用于包装设计上，更具有中国传统性和装饰美感。

图6-19 采用摄影手法的包装
图6-20 采用绘画形式的包装
图6-21 抽象式包装

图6-19   图6-20   图6-21

第五节　现代食品包装设计新视点

在我们日常生活中，食品与我们人类的关系是最为密切的，而与之相伴的食品包装早已进入千家万户。今天，无论是走进商店、超市，还是走进家庭，处处可见设计精美、实用、方便的食品包装。不可想象，如果没有包装，食品将如何送到我们每个消费者手中。随着人们消费水平和科学技术水平的日益提高，新产品的不断开发，对食品包装的要求也越来越高。食品包装的迅猛发展，既丰富了人们的生活，也逐渐改变了人们的生活方式。同时，食品包装也最能体现各个时代的科学水平、生活水平、设计水平和文化背景。越是发达的国家，食品的包装率越高，食品包装是衡量一个国家经济发展水平的一面镜子。改革开放后，我国食品包装业发展迅速，已成为国民经济的重要产业。同时，它也是高技术、高智能的产业领域。随着时代的发展，人们对食品及包装的质量要求越来越高，样式越来越多，技术性也越来越精，这给从事包装设计的人员提出了更高、更新的要求，这也是时代发展的必然所在。

一、现代食品包装新概念

自从有了人类社会，食品包装就与之相随。现代的食品包装是指采用适当的包装材料、容器和包装技术，把食品包裹起来，以使食品在运输和贮藏过程中保持其价值和原有状态。食品包装是以食品为核心的系统工程，它涉及食品科学、食品包装材料、包装容器、包装技术、标准法则及质量控制等一系列问题，是一门综合性的应用科学。

食品作为我们日常生活中的特殊商品，其营养与卫生极为重要，而食品又非常容易变质，所以食品包装的主要目的是保证食品作为商品在储运和流通过程中的卫生质量及品质风味。食品包装作为产品的附加物而成为商品的组成部分，和商品是不可分割的，在现代市场策略中占据了显著的地位。同时，作为市场竞争的主要手段，食品包装能提高商品的附加值，已成为企业营销战略的重要组成部分，在超市中起到了"无声售货员"的作用。食品包装的形象直接反映品牌及企业形象，它为创名牌和树立良好的企业形象起着至关重要的作用。食品包装还是企业与消费者之间联系的桥梁。

二、丰富的现代食品包装

现代社会生活离不开包装，包装的发展也深刻地改变和影响着现代社会生活。现代食品包装设计受到现代产品、现代消费、现代营销、现代传播文化和时代精神的影响。首先，现代产品的品种、品质、品位都有了不

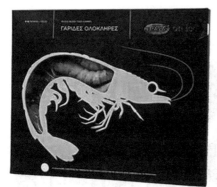
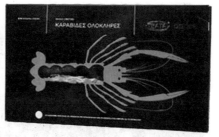
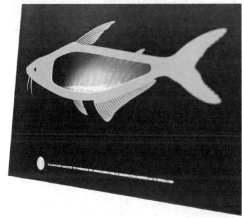
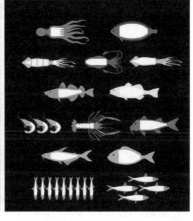

Trata on Ice 冷冻海产品包装
鱼尾部位是这些冷冻海产品包装系列主要的视觉元素之一。这个显著的设计特征在产品标识和包装的结构设计上都得到了很好的体现。黑色的背景设置，绝妙的排版构思和海鲜插画的适当引用，都非常好地突出了产品的质量特点，给人一种信任的感觉。实际上，消费者可以通过插画上的透光部分，去查看冷冻海鲜食品的新鲜程度，的确是非常吸引消费者注意力的包装创意。

断的发展，出现了许许多多新型的产品，食品日益趋向系列、方便、安全、休闲及有益身心健康，形式也日趋轻、短、小。在国外，有些大型超市的商品品种在十万种以上，产品的不断发展，对包装设计提出了相应的新课题，促使我们不断去研究开发。其次，消费观念的转变和日趋成熟，消费能力的提高，使每个消费者拥有了独立的消费意识，对消费市场不再盲从，具有独立享受生活的能力。消费观念直接受文化思想和消费教育影响，时代的发展带来今天大众的消费生活的新需求。人们的文化水平、价值观念已产生了新的变化，尤其是作为社会主要消费群体的中青年，在物质和精神方面具有多样性和多变性的消费需求，从物质到精神，文化性软消费在不断提升，并日益成为一种发展趋势。现在我们已进入了新的消费时代，现代人除一般日常的消费外，更多地追求旅游消费、休闲消费、保健消费、礼品消费等。人们在食品上更加讲究质量、情趣和品位，在吃的同时，又能得到一种精神的享受。大量的营养食品、方便食品、冻冷藏食品、微波食品、保健食品、绿色食品及各种中西快餐的不断涌现，给今天生活在快节奏的都市青年及上班族带来了无尽的方便和实惠。另外，大量国外食品的引进，充实丰富了国内市场，同时也给包装设计师提出了新的课题——要更加重视设计，使商品结构更加合理，使人们能充分享受高科技带来的舒适和方便。

国外妙趣横生的食品包装
采用熊猫的装饰图形，和本身品牌的名字不谋而合，同时增加了趣味。

国外巧克力包装
国外薯片包装

三、现代食品包装的层次

（一）现代工艺的发展

每一次新的改革，都是高科技进步的成果。不断追求更高、更新的科技含量，将使食品包装上一个新的台阶。高科技、高智能的生产设施，将不断推动包装工艺的发展，新工艺流程、自动化、电脑一体化的应用会给食品包装提供更多、更新的设计构想。现代新型高超的印刷、制版技术给包装的各个环节提供了实现完美效果的保证，艺术与科学技术结合更紧密，彼此相互作用，相互制约。科技的突破，对现代食品包装起着重要的作用，作为设计师要能熟悉新工艺、新技术，并能充分利用新技术带来的成果为现代食品包装服务，运用电脑设计手段，追求更加精致、完美、具有文化内涵的包装设计。

（二）现代材料的发展

包装材料是指用于制造包装容器和构成产品包装的材料总称，包括木材、纸板、玻璃、金属、塑料、纤维织物及各种辅助包装材料。它的基本性能是保护性、安全性、加工适应性、便利性和商品性，还包括自由性、经济性及可回收利用性。食品包装是系统工程，包装材料是其基础。

随着社会科技的发展，各种新型的材料不断诞生并被利用，包装材料从天然发展到合成，从单一发展到复合，材料的互相渗透已成为世界性的发展趋势和必然。新型包装材料代表的是一个新时代的文化信息，一种新生力量在生活中的体现，它使得现代食品包装的行列里又增添了新的家族，使包装文化的美感具有了时代感、流行性和普及性。一种新材料的出现，会使一种包装形式具有鲜明的时代标记。如金属箔包装，被认为是高品位、高品质，具有时代特征的包装材料，所以，一些新型的休闲小食品都采用这种包装材料。

新材料的开发，不仅要有更高的科技含量和更加科学合理、安全可靠的性能，也更加注重是否有益健康，更加追求材料的细腻、光滑、柔韧、富有特色和肌理，也充分考虑环保、再利用等方面的因素，有些材料能模仿自然材料的特性，替代传统材料的作用，达到包装食品的最佳效果。作为一名现代设计师，要掌握新材料的特性，巧妙地应用这些材料，使包装达到出奇制胜的效果。

四、现代食品包装设计的空间

时代的发展使得现代设计思想早已发展到不局限于艺术设计思想的发展。广泛开拓设计思维，确立现代包装设计的正确理念，树立符合时代需求的设计思想，积极引导现代人的审美观、价值观和消费观，使现代包装

打破传统的 Stop Not 零食外包装
设计

设计有更广阔的空间。现代科学的新发现、边缘学科的介入、人类对自身价值和周围生态环境的认识、文化思潮、人生观、世界观的影响，早已超出了预想的范围。设计者要充分发挥、利用发散的思维，走在时代的前沿，寻找独特的设计风格，把握时代美感，对未来的市场具有判断力。

（一）现代食品包装与环境保护

随着人类受教育面的不断扩大，对环境的保护也将从包装事业开始起步。降低成本，重复使用，减少污染，可持续发展，将成为 21 世纪我们必须面对的重要课题。

资源的消耗和环境保护已成为全球生态的两大热点问题，而现代包装与它们密切相关。包装制造所用的材料大量地消耗着自然的资源；在包装生产的过程中，一些不能分解的有毒物质会造成对环境的污染；数量巨大的包装废弃物也是环境的重要污染源，这些因素助长了自然界的恶性循环。

地球资源是有限的，不是取之不尽、用之不竭的，每一种物质的形成都需要漫长的时间，森林的大量采伐已严重破坏地球的气候和生态平衡。包装业对资源的需求量巨大，作为一名包装设计师，要身体力行，从我做起，在设计包装时，力求精而少，合理简洁，防止过分包装和夸张包装。目前，市场上有些包装盒越做越大，而里面盛装的内容物却越来越小，这不仅浪费了资源，而且给消费者造成一种被欺骗的感觉。在设计时，要尽量应用高科技的复合材料替代玻璃、金属等材料。如牛奶、果汁饮料类包装，采用纸塑复合材料和无菌包装技术，大量节省了包装能源成本，同时，又较好地保持了食品的风味和质量，并赋予了它时代的美感。

在我们生活的环境中，塑料造成的白色污染到处可见，我们的城市被塑料等包装废弃物所包围。面对严峻的现实，我们应尽量在设计食品包装时，解决好产品和包装的合理定位，避免华而不实的包装，尽量采用高性能包装材料和高新包装技术，在保证商品质量的同时，尽量减少包装用料，提高重复使用率，降低综合包装成本，注重生态环境保护，使产品包装与人及环境建立一种共生的和谐关系。要不断开发可控生物降解、光降解及水溶性的包装材料，在推出新型包装材料的同时，同步推出其回收再利用的技术，把包装对生态环境的破坏降到最低的程度。

（二）建立绿色包装系统已成为我们共同的课题

在大力推广绿色食品即无污染、安全、优质、营养类食品的同时，绿色包装的新概念也不断地被人们所重视。它是指有利于人类生存环境的包装，有利于环境保护和资源保护的包装。研究和开发绿色包装是社会发展的必然趋势，也是未来包装市场的竞争热点。

绿色包装的技术系统，应该解决包装在使用前后的整个过程中对生态环境的破坏问题，研究和寻找理想的绿色包装技术，对不同的商品要开发研究相应的绿色包装制品和方法。倡导绿色包装的实际意义，在于促使建

个性十足的加拿大 TAXI 咖啡包装设计，设计中使用了的士的一些常用元素

立和完善包装资源的回收和再生系统，使包装废弃物得到充分的利用，大大减少对生态环境的污染和破坏，减少对自然资源的消耗，使人类的生存环境更安全、更舒适。总之，要设计出优秀的食品包装，必须首先树立超前的设计思想，强调包装的关键是准确、快速地传达信息，必须充分利用现代科技成果，善于运用新材料、新工艺开创多功能的新结构、新形态、新装潢，以适应现代新的生活方式和生活需要。21世纪是网络的社会，是信息知识经济时代，我们必须把食品包装设计作为一个系统来对待，使人们生活得更好、消费得最少，即以少的消费得到好的享受。设计已不仅仅是一个单纯的产品、包装，更多的是服务、交流。设计由"硬"向"软"的转变，由有形的向无形的转变，设计的面也更宽更广了。随着我国加入世贸组织，包装设计也应与国际接轨，要强调以人为本，使人们从物质的欲望中摆脱出来，多一点自由的选择，强调为人民服务及可持续发展的宗旨。

BBQ 调味酱料包装

国外蜂蜜创意包装

漏斗式设计 lintar 橄榄油包装

由克罗地亚设计师 Tridvajedan 设计的 lintar 橄榄油包装,灵感来自漏斗的形状,在设计上利用简洁的线条巧妙地组成一串字母,线条延伸到瓶底,就如输油管线一般。

mee dayang 方便面创意包装设计

第七章　酒与饮料包装设计

第七章　酒与饮料包装设计

第一节　酒包装容器造型设计

一、酒包装容器造型设计的要求

酒包装容器造型以盛装、储存、保护商品、方便使用和传达信息为主要目的，它是外包装设计的基础。它最主要的功能是盛装酒，保护酒，同时还要具有便利和审美的功能。酒包装容器的造型设计决定和影响着酒包装整体的视觉效果。其实，酒包装的关键是容器的造型设计，这是因为呈现给消费者外观视觉印象的往往就是酒的容器造型设计，而外包装却是次要的。酒包装容器设计应满足以下几点要求。

（1）酒包装容器必须能起到保护内容物，使其在运输、装卸、使用过程中不受损、不渗漏、不变质、不挥发，容器的构造要符合动力学原理，尤其是包装啤酒的容器，更加要注意抗压性和膨胀性，物理、化学性要稳定。

（2）酒包装容器所用的包装材料对内装产品应是安全的、稳定的，两者不互相发生作用，这一点对酒尤为重要。

（3）酒包装容器的结构形式和形状不应对人体造成伤害，在使用过程中要便于操作、打开和搬运，符合人体工程学原理。

（4）酒包装容器的结构应适应容器的造型与视觉设计的要求，符合商品包装的美学要求。

（5）酒包装容器的结构设计与制造的总费用应与内装产品的价格相适应，避免过度包装。

（6）包装容器及其材料必须适应废弃物的回收利用、重复使用或回收处理的要求，应符合环保的要求。

二、酒包装容器造型与结构设计原则

酒包装容器造型与结构设计应遵循以下原则。

（1）科学性原则。科学性原则要求应用先进正确的设计方法，恰当的结构、材料及加工工艺，使设计标准化、系列化、通用化，符合有关法令、法规，使设计出的产品能适应大工业化、自动化生产。结构科学合理，才能使其具有很好的保护性功能和使用功能。

（2）可靠性原则。可靠性原则要求包装结构具有足够的强度、刚度和稳定性，在商品流通、销售过程中能承受住外界各种因素的作用和影响，

国外酒包装

而不造成破坏，使商品安全地到达消费者手中，并能安全地使用。

（3）经济性原则。经济性原则要求合理地选择材料，减少原材料的成本，降低原材料的消耗，以最低的消耗取得最佳的效果，有效提高工作效率。采用合理科学的结构，降低运输、储藏的费用。经济性是在商品竞争中最容易取胜的法宝。

（4）便利性原则。便利性原则是指便于连续化生产，便于流通、运输、储藏，便于销售、使用，便于开启、重封等。要充分体现人性化设计原则，符合人机工程学，一切为人服务，取悦于人。要考虑人们在使用过程中手或身体的其他部分与容器造型的和谐性，要运用人机工程学的原理来检验包装容器造型设计是否适合人们最佳的使用方法。同时，还要考虑便于回收、再利用性。

（5）审美性原则。审美性原则就是使包装容器造型达到视觉设计中美学的要求，运用形式美的法则，使消费者赏心悦目，心情舒畅，在消费的过程中得到美的熏陶和美的享受。如对称与均衡、对比与调和、节奏与韵律、变化与统一等。只有具有美感的包装造型设计，才能实现包装的商品性和心理功能性，从而促进销售，达到销售商品的目的。

（6）独创性原则。独创性原则要求在艺术构思和包装造型方面具有独创性，并能被社会认可。独创性除能体现在艺术性上，也能体现在实用性、经济性、便利性上。

（7）环保性原则。无论是在包装容器的选材方面，还是在制造过程中，环保性原则是不可忽视的。对包装废弃物的处理至关重要，要符合绿色包装设计原则，便于回收、再利用，便于处理而不造成污染。同时，在包装结构的设计中，尽量利用合理的结构，减少用材，节约能源，符合可持续发展的要求。

三、酒包装容器造型与包装结构的相互关系

不同的包装结构必然会有各自不同的造型特点。不同的包装造型，也必须有与其相适应的包装结构。在酒包装设计中，造型与结构是密切配合，相辅相成的。不注重造型的结构设计，不可能得到外观美的包装容器，相反，不以结构为基础的造型设计，也不可能得到包装功能良好的包装容器。包装结构的可变性小，而外观造型表现手法多，同一结构可设计成多种不同的外观造型。因此，在进行包装造型设计时，要以结构为基础来变化造型的外观设计。在进行包装结构设计时，还必须依照工程技术原理将材料组合成合理的结构，并保证结构具有足够的强度、刚度、硬度以及抗击其他外界因素的能力，以便使商品在流通和销售过程中保持完好和不变质。

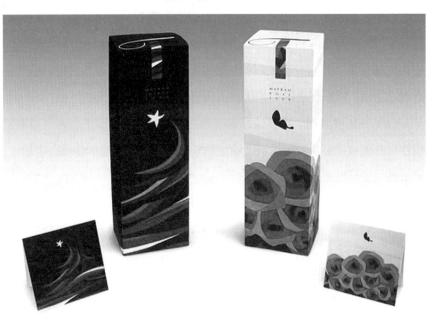

四、酒瓶造型设计

酒瓶造型以保护商品、方便使用和传达信息为主要目的。它既包含功能效用、工艺材料和工艺技术诸因素，也包含外观的审美因素，具有物质与精神的双重价值，是科学技术与艺术形式相统一，美学功效与使用目的相结合的设计。

（一）酒瓶造型的种类

不同种类酒瓶的造型、大小、容量各不相同，酒瓶的容量国际上以L（升）、cL（厘升）、mL（毫升）表示，从50mL到4L不等。葡萄酒瓶有容量4L、3L、1.5L、750mL、375mL、187mL等。香槟酒多为800mL和1600mL两种瓶装。啤酒瓶常采用有肩和无肩两种类型，也有短脖的小啤酒瓶和金属易拉罐，还有桶装啤酒。啤酒瓶多为640mL，小瓶为355mL，国外的以500mL为主。易拉罐国内的主要为355mL，国外的从250到500mL。日本清酒采用瓶或杯式包装为多，容量有300、360、540、700、720、1800mL等，也有的采用3.6、5.4、9、18L等各类容器，部分高级清酒采用异形瓶小容量包装，特级清酒瓶一般都用高分子材料的内塞，外加有螺扣的帽盖，瓶酒装在带尼龙绳的手提式纸盒内。白酒多为0.5kg装。白兰地、威士忌、朗姆酒等多为750mL瓶装。酒瓶按材料分类可分为玻璃酒瓶、陶瓷酒瓶、金属易拉罐等。

酒瓶造型可分为圆形瓶、方形瓶、扁圆形瓶、多角形瓶和异形瓶。

（1）圆形瓶。圆形瓶有圆柱形、圆锥形、圆台形、圆球形、圆鼓形等形状。这种瓶形便于生产加工，用料较少，具有民间特色。这类酒瓶大多通过高度或直径的变化，或某些部位曲率的变化，创造个性形象。

（2）方形瓶。方形瓶有长方形、正方形、方柱形等形状。这种瓶只取方形瓶身，其瓶口仍为圆形，有些底座或其他部位也是圆形的（图7-1）。

（3）扁圆形瓶。扁圆形的瓶形，有好拿和突出酒标的优点，装箱不浪费空间（图7-2）。

图7-1　方形酒瓶
图7-2　扁圆形酒瓶

图7-1

图7-2

图7-3　多角形酒瓶
图7-4　异形酒瓶

图7-3　　　　　　　　　　　　　　　　　　　　　图7-4

（4）多角形瓶。四个角以上的瓶形属多角形，有的是多角柱形，有的瓶身的一部分是多角的（图7-3）。

（5）异形瓶。异形瓶包括的范围有仿器物、动物、建筑物、植物、瓜果、花卉、人物等，也有其他异形的，大多用于名贵酒（图7-4）。

（二）酒瓶造型的构成要素

酒瓶造型最基本的三个构成要素是功能效用、物质技术和造型形象。它们是相互联系、相互制约的三位一体。

功能效用是瓶型设计的出发点，它包含保护功能、便利功能、销售功能、心理功能、复用功能等。随着社会的发展，人们对包装容器的功能要求也日趋多样、合理。

物质技术是造型的物质基础，是完成功能效用的基本手段。它既限制功能和造型，又以特有的优越性服务于功能和造型。由于铁皮会氧化，塑料会起化学反应，因此，酒瓶仍以玻璃、陶瓷等为主要材料。

造型形象是技术和艺术的综合体。造型形象包括式样、色彩、质感、装饰等，能反映不同时代、不同民族和地区的审美趣味。造型风格的形成与人们的生产方式和生活习惯有着直接联系。

（三）不同材料的酒瓶造型设计

在酒包装容器造型设计中，玻璃、陶瓷、金属、木材、竹子等容器，各自都有着独特的个性。由于酒瓶整体显示出的态势美感，有静态的稳定感，也有动态的流动感，因此在设计酒瓶造型时，一定要整体地考虑，从酒瓶的底、腰、身到肩、头及瓶口的造型，要符合视觉重心的法则，给人以平稳、安定或挺拔秀丽的感觉；要考虑各个部分之间的相互协调感，尤其要注意瓶盖与瓶身的比例和呼应关系。处理得当的酒瓶形状会产生优美、流畅的感觉。酒瓶造型是三维立体的设计，所以，在设计时一定要从多角度进行观察、调整，使其达到从不同角度观看都有较好视觉形态的效果。

1. 玻璃瓶的造型设计

玻璃瓶在酒包装容器中占有很大的比例，它以优良的物理性和化学性以及丰富的来源，低廉的价格，比较耐用，又能回收再利用的特性而被广泛地运用。通常的玻璃瓶是圆形，但为了在造型上创新，也出现了有棱角的方形和异形瓶，使其更加具有趣味性和生动性。玻璃瓶的视觉美感主要体现在它的透明性、色彩性、柔和性和折射反光性。无色透明的玻璃，宛如清澄之水，晶莹透明，有冰清玉洁之感，如图7-5所示。而有色玻璃所呈现出的颜色若隐若现，更显迷人夺目。尤其是磨砂玻璃瓶（图7-6）或亚光玻璃瓶，冰冷的酒瓶具有如同肌肤般的柔和滋润之感，而且给人以朦胧含蓄之美，用在果酒容器设计中，或专门为女士设计的酒包装上，受到很大欢迎。高档礼品酒有的用水晶玻璃瓶，晶莹剔透、光彩照人，更显高贵气质，具有收藏价值。

2. 陶瓷瓶的造型设计

陶瓷瓶的历史相当久远，中国古代就有用陶瓷瓶来装酒的，一直沿用至今。如中国名酒茅台酒瓶就是一直采用的陶瓷瓶。

陶瓷瓶具有良好的物理性和化学性，经久耐用，取材方便，模具成本低廉，可以根据生产数量的多少，随意改变造型。陶瓷上釉或彩绘方便，也便于生产加工成异形的瓶型。陶瓷瓶的造型丰富多彩，变化多样，能做比较复杂的造型，更主要的是材料本身所具有的质感、肌理，给人以亲切感，使人获得趣味盎然的视觉和触觉美感，能唤起人们心中某种怀旧之情，并具有抚慰人心的舒适感。陶瓷瓶设计应注意瓶口的密封问题，由于有些程序必须是手工完成，所以不利于大批量生产。它一般用于高档礼品酒和地方特色酒的包装（图7-7）。

图7-5   图7-6

图 7-5　透明玻璃酒瓶
图 7-6　磨砂酒瓶

国外酒包装

3. 古为今用，洋为中用的酒瓶造型设计

酒器的历史几乎像酒一样源远流长，我国古代的酒器琳琅满目，造型千姿百态。其中青铜器酒器以精湛的工艺、栩栩如生的造型，当之无愧地成为中华文化的重要部分，是尊贵与威严的象征。在众多的酒器中，除青铜器外，还有陶器、漆器、玉器、瓷器及水晶制品的酒器等，都可成为今天设计师参考借鉴的对象。古为今用的酒器包装是一种创新，是拓宽设计白酒包装思路的一种选择。如国酒茅台正是巧用了青铜制品的威严和凝重以及尊贵的艺术特点，推出了用青铜制品包装的高端白酒。这款包装充分反映出茅台酒深厚的文化底蕴，把青铜文化与国酒文化结合在一起，是中华文化的高度凝练，不仅弘扬了青铜文化，也提升了国酒文化（图7-8）。

设计要实现瓶形与文化、产品的个性特色高度统一，仅仅立足于"中国"是远远不够的，而应将视野放得更宽、更远。国外酒的瓶形得到了人们的广泛认同和推崇，包装界、时尚界一直关注着国外的香水瓶形，其创新、变化之新、之经典，速度之快，令人叹为观止。我们可以借鉴国外的跨行业的包装瓶的特点，探索不同的创新之路。只有实实在在地给产品定位、给包装定位，白酒品牌的生存空间才会更广阔。

图7-7 　　　　　　　　　　　　　　　　　　　　　　　　　图7-8

图 7-7　古色古香的陶瓷酒瓶　米通陶瓷酒瓶
江西景德镇市米通陶瓷厂设计生产
图 7-8　国酒茅台酒瓶
下图　国外酒包装

五、酒包装容器造型的设计方法

运用所学过的立体构成及形式美法则的原理，对酒包装容器造型进行创新性设计，开拓思路，使酒包装容器造型和包装整体的形象设计融为一体，更具有时尚性。酒包装容器造型设计要充分利用科技成果带来的新工艺、新材料、新手段，以本土文化为根基，继承传统，结合现代新的设计理念，以获得新的视觉感受。酒包装容器造型设计常用的手法有以下几种。

（一）线型法

线条是一种有效的视觉语言与表现形式，是一种有效的视觉媒介。线型法是指在酒包装容器造型设计中，外轮廓线的变化及表面以线为主要装饰的设计手法。由于线本身所具有的感情因素，因此能带来不同的视觉效果。如用垂直线设计的酒瓶，会产生挺拔的感觉，如图 7-9 所示。又如曲线给人柔和、优美之感，而用曲线设计的容器就会给人柔美、优雅之感，如图 7-10 所示。线型设计的方法，就是要充分利用线所具有的独特个性情感，以适当的方式来体现商品本身的属性，使包装容器除具有功能性以外，更具有一定的语意性和符号性，使受众在很快的时间内通过对外形线的感觉，体会到产品的特性和所传达的信息。

（二）体、面构成法

酒包装容器造型是由面和体构成的，通过对各种不同形状的面、体的变化，即面与面、体与体的相加或相减、拼贴、重合、过渡、切割、削剪、交错、叠加等手法，构成不同形态的包装容器。如运用过渡结合组成一个造型整体，可用渐变、旋转、发射、肌理、漏空等进行过渡。不同的构成手法产生的酒包装容器的形态各不相同，传达的感情和信息也不同，这主要取决于产品本身的属性和形态。设计师要以最恰当的构成方式，达到最完美的视觉形态（图 7-11 ）。

（三）对称与均衡法

对称与均衡法在酒包装容器的造型设计中运用最为普遍，一般日常生活用品的容器造型都采用这种设计手法，它也是大众最容易接受的形式。

对称法是以中轴线为中心轴，两边等量又等形。它使人能得到良好的视觉平衡感，给人以静态、安稳、庄重、严谨感，但有时会显得过于呆板，如图 7-12 所示。

平衡法是以打破静止局面而追求富于变化的动态美，它是等量不等形的。它给人以生动、活泼、轻松的视觉美感，并具有一种力学的平衡美感，如图 7-13 所示。

（四）节奏与韵律法

节奏是有条理、有秩序、有规律变化的重复。韵律是以节奏为基础

图7-9

图7-10

图7-11

图7-12

图7-13

图 7-9 垂线设计的酒瓶
图 7-10 曲线设计的酒瓶
图 7-11 具有体积感的酒瓶设计
图 7-12 对称式酒瓶
图 7-13 平衡感酒瓶设计

的协调，它比节奏更富于变化之美。运用节奏与韵律的手法，使整体的造型设计具有音乐般的美感，使造型和谐而富于变化。它可以通过线条、形状、肌理、色彩的变化来表现，富有节奏和韵律美感的造型更加能够吸引消费者。

（五）对比法

运用有差异的线、面、体、色彩、肌理、材料、方向、虚实等对比的手法，使整个造型形成一定的对比感。运用造型要素不同大小的体量进行适当的对比，会产生活泼、生动之感。采用肌理的对比、粗糙与细腻的对比，使酒包装容器表面的质感产生对比。通常运用对比的手法设计的酒包装容器造型会有很强的视觉冲击力，在商品竞争中容易引起消费者的注意，但在运用对比手法的同时，要注意统一的原则，防止对比过度而造成零乱。

（六）仿生法

大自然蕴涵了无数的视觉意韵与形式意象，永远是艺术创作与设计取之不尽的源泉。仿生法就是通过提取自然形态中的设计元素或直接模仿自然形态的手法，经过概括、提炼，将自然物象中的单个视觉因素从诸因素中抽取出来，并加以强调，形成单纯而强烈的形式张力。仿生法也可将自然物象的形态做符号化处理，以简洁的形态表现，使酒包装容器造型既有自然之美，又有人工之美。在酒包装容器的造型设计中，运用仿生形态的造型较为丰富。运用这种手法设计的造型惟妙惟肖，栩栩如生，使人爱不释手。有些包装容器甚至可以作为装饰品陈列。运用这种方法也应该注意避免过于写实，给制作带来不便。

（七）肌理法

肌理是与形态、色彩等因素相比较而存在的可感因素，其自身也是一种视觉形态。肌理虽然在自然现实中是依附于形体而存在的，但在酒包装容器造型设计中是最为直接而有效的形式。它能使视觉表象产生张力，在设计中获得独立存在的表现价值与增加视觉感染力的作用。有些透明玻璃的表面，运用一些肌理效果，使包装容器表面肌理形成对比，更具有视觉和触觉质感。"视觉质感"诱惑人们用视觉或用心去体验，去触摸，使包装与视觉产生亲切感，或者说，通过质感产生一种视觉上的快感。在酒包装容器造型的设计中，肌理是呈现包装容器的质感、塑造和渲染形态的重要视觉和触觉要素，在许多时候还是作为被设计物材料的处理手段，以体现设计的品质与风格。酒包装容器造型上的肌理，是将直接的触觉经验有序地转化为形式的表现，一般肌理可分真实肌理、模拟肌理、抽象肌理和象征肌理等。

（1）真实肌理。真实肌理是对物象本身表面肌理的感知。它可以通过手的触摸实际感觉到材料表面的特性，激发人们对材料本身特征的感觉，如光滑或粗糙、温暖或冰冷、柔软或坚硬等。一般在造型设计中，真实肌理可以直接运用有肌理的材料来获得。如有些酒包装容器造型设计直接运用木材与皮革、麻布与玻璃或与金属形成肌理对比，产生独特的视觉质感（图7-14）。

（2）模拟肌理。模拟肌理是再现在平面上的形象写实。它着重提供肌理的视错觉与某种心态，达到以假乱真的模拟效果。如运用摄影的手法表现皮毛的感觉，将其局部放大，使其表面的纹理得到精致的刻画。它需要调动全方位的视觉要素以达到真实的感觉。如有些酒包装容器表面表现编织的肌理，运用超写实的手法，使其特征更加真实（图7-15）。

（3）抽象肌理。抽象肌理是对模拟肌理的图形化，对物象的抽象表达。它常常显示出一些原有表面肌理的特征，但又根据作者的特定要求做适当的调整、概括、提炼处理，使其更加清晰，更具有纹理特征，更具有符号化。这种手法在设计中运用较广（图7-16）。

（4）象征肌理。象征肌理纯粹表现一种纹理秩序，是肌理的扩展与转移，与材料质感并没有直接关系，它要求在设计中构建强烈的肌理意识。

图7-14

图7-14　真实肌理表现的酒瓶设计
左图　酒瓶表面采用皮革包装
右图　整个酒瓶用竹子编织包起来
图7-15　模拟肌理表现的酒瓶设计
图7-16　抽象肌理表现的酒瓶设计

图7-15

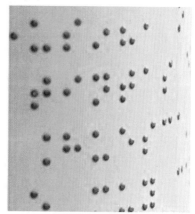

图7-16

图7-17　　　　　　　　　　　　　图7-18　　　　　　　　　　　　图7-19

图 7-17　系列法酒瓶包装设计
图 7-18　虚实空间法包装
图 7-19　表面装饰法包装
酒瓶和包装盒局部都镶嵌少量金
属材料

（八）系列法

在酒包装容器造型设计中采用系列化的设计方法，已成为一种趋势。为了更好地营造品牌形象，它以统一的形象整体地展现给消费者，在竞争中能以众压寡，形成大的家族的群包装。运用这种方法是在变化中求统一，在统一中求变化。如同一系列的酒包装容器造型，其容器在比例上变化，而在造型结构上统一或在造型不变的情况下，大小有变化，如图 7-17 所示。

（九）虚实空间法

在酒包装容器的造型设计中，充分利用凹凸、虚实空间的对比与呼应，使容器造型中虚中有实，实中有虚，产生空灵、轻巧之感。如有些酒瓶设计，在实体的造型中，用漏空的形式使虚实相间，更加突出其个性特征，如图 7-18 所示。

（十）表面装饰法

在酒包装容器的表面除运用肌理的方法，还可以运用装饰物来加强其视觉美感。运用附加不同材料的配件，或镶嵌不同材料的装饰，使整体形成一定的对比，也可以通过在容器表面进行浮雕、漏空、刻画等装饰手法，使容器表面更加丰富。如在细长的酒瓶子上运用水平方向的曲线进行装饰，使其具有流动感，并打破了由于高而产生的不稳定感。又如有些玻璃酒瓶型，局部采用镶嵌少量金属材料，形成质感的视觉和触觉对比，更显高贵、典雅，如图 7-19 所示。

第二节　酒包装结构设计

包装造型是指具有实用价值和美感作用的包装外观型体。包装造型是运用美学法则（点、线、面、体等各种形态要素的规律）对包装的立体外观所进行的艺术设计。它既要注意结构的科学性、牢固性，也要满足结构的实用功能。酒包装结构设计就是根据包装产品的特征、环境因素和用户要求等，选择一定的材料，采用一定的技术方法，科学地设计出内外结构合理的容器或制品。酒包装结构是指包装设计产品的各个部分之间相互联系、相互作用的技术方式，不仅包括包装体内各部分之间的关系，还包括包装与内装物的作用关系，包装材料与封闭物的关系，内、外包装的配合关系以及包装与外界环境之间的关系。酒包装结构设计要处理好包装结构各部分之间的关系，即酒包装材料与内装物品之间的关系，酒包装结构与酒封装方法之间的关系，酒包装结构与环境因素之间的关系，酒包装结构与造型及视觉设计的关系，酒包装结构与工艺制造水平的关系，酒包装结构与人体工程学的关系，以及酒包装结构与人的心理因素等关系。包装结构各部分之间的关系在整个包装设计体系中占有重要位置，可以说是包装设计的基础。酒包装结构性能如何，直接影响酒包装的强度、刚度、稳定性和实用性，即酒包装结构在流通中是否具有可靠保护产品和方便运输、销售等各项实用功能，同时还涉及是否为造型设计和视觉设计创造良好的条件。

人们在酒的发展过程中，不断地创造出各式各样的酒盒造型，积累了丰富的知识和经验。纸盒应用极为广泛，盒形、结构相当丰富，下面介绍几种酒包装纸盒结构造型。

（1）方柱形盒。邻边相等的长方形盒，为方柱形。这种盒型类型最多，应用最广。它们的外形一样，底部结构各异，提把方法不一，有两边打孔穿带提的，有用本身盒料加工成提手的，也有另配提手的，较多的只有盒盖，不带提手（图7-20）。

（2）扁方形盒。邻边不等的长方形或扁形方盒为扁方形。一般用于装扁形酒瓶或装两瓶酒的酒盒。在结构上有天地盖的，也有可折叠的和带提手的（图7-21）。

（3）书本形盒。书本形实际是扁方形的一种，因为它装潢得像一本精装书，背脊上有联结处，故称书本形（图7-22）。

（4）角柱形。盒子成型后产生三个角（等边或不等边）或五个以上的角，即为角柱形。这种造型加工麻烦，成本高而投资大，装箱体积大。

（5）开窗式盒。开窗式盒又名透明式或半裸露式。这种纸盒不用揭开就能看到商品，有两面开窗，也有一面开窗的（图7-23）。

（6）配套式盒。配套式盒又名箱形酒盒，一般是指盒内装有多种不同的酒，或其他不是酒的配套商品（图7-24）。

（7）提篮式盒。提篮式盒形式像一个篮子，但与带提手的方盒有所区别（图7-25）。

图7-20

图7-21

图7-22

图7-23

图 7-20　方柱形盒
My World 葡萄酒包装系列　包装纸盒上加一加一
提手
图 7-21　扁方形盒图
图 7-22　书本形盒
图 7-23　开窗式盒
Woodinville 威士忌酒外包装盒
图 7-24　配套式盒

图7-24

（8）圆柱式盒。一些酒包装采用圆柱形盒，能更好地展示商品信息，
有效提高酒的档次。

（9）异形盒。为了突出酒的个性和魅力，有些酒包装设计成个性极强
的异形盒，使其在琳琅满目的酒包装中脱颖而出，给消费者留下深刻印象。

酒包装除了纸盒之外，还有一部分是以木、竹、草、布等其他材料制
作而成的。使用这类材料的酒都具有极强的地域特性和文化内涵，能更好

图 7-25 提篮式盒

地表现商品的特性，与纸盒相比，能更充分地体现商品档次，提高知名度。这类酒包装，从外包装到内部包裹、酒瓶的造型，都具有精致典雅的美感，可作为艺术品陈设收藏，具有良好的附加功能。但这种包装材料加工相对复杂，不宜大批量生产，成本比较高。

第三节　中国酒包装设计中的民族文化特性

中国的酒在漫长的发展过程中，形成了独特的风格。古人将酒的作用归纳为三个方面：酒以治病、酒以养老、酒以成礼。实际上，酒的作用远不限于以上三个方面。在中国人的观点中，酒并不是生活必需品，但在社会生活中，酒却具有其他物品无法替代的功能。

由于中国酒的悠久历史，使其在几千年来的发展中沉淀了极其深厚的传统文化内涵。人们对酒的要求逐渐从生理需求转向心理需求，这就给酒的制造工艺以及酒的包装提出了更高的要求。也就是说，一个期望树立优良品牌的酒，必须依靠某种符合大众消费心理的文化内涵为基石，并由此文化为线索展开产品生产、形象定位、营销策略等一系列的整合营销活动，从而达到占领市场、创建名牌的目的。因此品牌文化定位一定要明确、内涵一定要厚重，才能拥有丰富而平稳的社会心理基础，才能拥有稳定的消费群。

一、中国酒包装的民族性

酒是一种特殊商品，蕴涵着物质消费和文化消费两个层面，因而具有很强的民族选择性和文化依赖性。从某种意义上说，酒类市场就是一个民族市场和文化市场。因此，酒在包装设计时应更多地从挖掘自身品牌和目标区域市场的历史文化内涵着眼，在品牌延伸上做文章。

民族化按传统的理解就是本土化，是传统的民俗文化和人们的生活方式。民族化包装不仅是传承下来的及民间开发的自然物质的包装品，而且是在历代包装延续过程中，各地区自然材质组合的包装形式。为了体现我国酒的文化价值和市场消费价值，具体到民族化的酒包装形式概念，可以从以下几点来认识。

（1）传统酒包装形式中的民族特性。在中国人眼中，万物皆有情。人与自然的关系，可以通过移情达到主客观的情感交融。从自然界中选取合适的材料，制作包装，也就成为传统酒包装中理想的形式之一，最典型的便是对植物葫芦的利用，待藤老时将葫芦摘下，削去茎柄，掏出葫芦子，插上木塞，外表刷漆，并在中间系上丝带，外出吊在腰间，归家挂于屋壁，极妙地处理了人与物的融合关系。如以葫芦为酒瓶造型的"太白酒"（图7-26），设计在情感上尽量打消人们对包装的异己感，把二者统一在物我交融的境界，实际上是"酒有何好，渐近自然"的饮酒观在包装设计中的体现。

（2）地方特色酒包装中的民族特性。地方特色酒包装主要是立足于吸取地方材质和民间自然形象特点，在真实再现商品文化价值中寻求发展。如我国南方等地选用竹条编结成提兜用来包裹酒瓶，以及绍兴的花雕酒坛都具有鲜明的地方特色（图7-27）。再如普及于民众习惯之中，具有潜在规律及功能意义的吉祥图形，在设计中加以形象的变化和应用，不仅能体现中华民族独特的民间文化艺术，也增加了酒包装的文化情调。在人们的精神领域，民族传统的因子总是与现代文化紧密融合，并且在融合的过程中形成。这种互补不仅是艺术与经济的整合过程，更是一种文化活动的补充。

（3）中国酒包装文化。文化是由人类求生存而创造出来的，每一种文化元素的产生都以满足人类的需要为目的，文化是生活，其中心是人。设

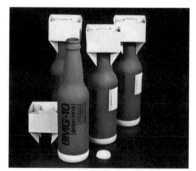

这是一组BMG-10炸弹啤酒的创意包装欣赏，由于啤酒名称的影响，酒瓶创建有点类似于在黑市上出售的非法武器。深灰瓶体，黄色弹翼，黄色瓶底，配合啤酒外箱设计，深棕色的木头箱体，非常醒目。设计师为Marco Manansala

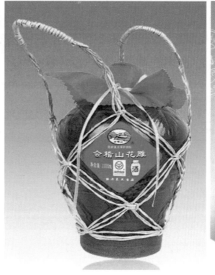

图7-26

图7-27

图7-28

计与文化之间具有不可分割的联系，设计是通过思维来创造和体现人类精神的需求活动，其目的是提高人们的物质生活方式，创造一种新的文化。既然我们现实生活中的创造活动是文化的延续，那么再创造就需要从传统文化中寻找依据。现代营销理论认为，消费者的需求大致分为三个层次：量的满足、质的满足和感性的满足。感性满足是消费的最高层次需求。质量的核心在于使消费者满意。当今的消费者，虽然钟情于高消费的现代生活环境，对传统则在精神上产生更多的留恋情感。人们挑选商品的标准，不再简单地从质量好坏出发，而更多地从商品的形象出发，根据个人的口味、好恶与心理需求去挑选。国外学者认为这是继第三次以信息化为特征的消费浪潮后消费文化的特征，这种消费以产品的文化内涵与精神的满足为目的，人们更重视产品的文化档次，更重视人性、自然、风俗习惯与风土人情，它能唤起个人的情感体验，引起美好的遐想和回忆。中国酒的文化特点在本质上更接近于这种消费趋势。许多酒厂在开发新品中已注意到这方面的动向，在近几年各地举办的包装大赛和全国展评会上，参展的酒类包装很大部分设计都在挖掘传统文化遗产上做文章，如湖南"酒鬼"包装运用民间包角箱的形式（图7-28），"五粮液"礼盒使用汉刻的方式表现遥远的长城。这些包装从民俗、民间艺术的角度体现了酒的文化性，这种在整体上形成的文化意味的设计，在以后的酒类包装中将产生较大的影响。

图 7-26 葫芦式酒瓶
宝鸡眉县太白酒 陕西太白酒业有限责任公司设计生产
图 7-27 具有地方特色的酒包装
图 7-28 酒鬼酒包装采用民间包角箱式设计

二、传统酒包装中的绿色文化特性

自1972年联合国发表《人类环境宣言》拉开世界"绿色革命"的帷幕，在此后的几十年中，世界各国政府先后制定了绿色环保标准，对绿色包装的实施具有现实的指导意义。绿色包装设计强调 4R1D 原则：减少材料用量（reduce），可重复使用（reuse），回收循环使用（recycle），能量再生（recover），可降解腐化（degradable），建立绿色包装体系已经成为世贸组织的要求。绿色包装设计以环境和资源为核心概念，在设计过程中不仅要考虑包装的实用性能，而且也要考虑包装与环境的关系。

人类与万物共生，与大自然历来就有着难解难分的淳朴感情。人类原始的健全本性使人类为自身的生存不断地改造着环境条件，尤其是传统的"天人合一"思想，由古到今仍是人们生存不可缺少的观念。在酒包装设计环节中准确合理地选用材料，加之完善的创意，能对绿色酒包装的发展起到举足轻重的作用。纵观历史，流传至今的许多包装仍然值得我们借鉴。例如我国的陶瓷，自古就广泛应用于生活之中，它取材于自然泥沙，质地坚硬易于盛装，便于使用与回归自然。现今在中国酒包装设计上，仍然随处可见陶瓷酒瓶（图7-29），此类包装在造型上经过独具匠心的设计，加

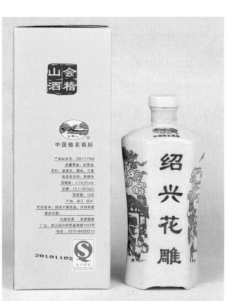

图7-29　陶瓷式酒瓶至今仍然在民间大量使用

之色调及文字的艺术处理与巧妙搭配，仍然不失其现代感，又极具中国古文化的素养，可谓与绿色包装原则形成了神奇的吻合。这说明只要因地制宜、匠心巧运，立足于地方材质，既可节省能源又利于环境，从这个意义上来说，此形式在包装上的发展潜力不可估量。

当前社会各学科领域的发展，促进了人们对酒包装设计文化更为强烈的需求。包装作为民族文化的一部分，也必然会反映出民族的心理特征，并将这种文化观念和民族性格表现在设计活动的创造中。包装也是国际间文化交流的表现形式之一，是企业文化的载体，是商品文化传达的重要手段，更是我国包装装潢设计发展中不可缺少的重要组成部分。一个看似简单的包装问题，实际上反映出酒类厂家的市场意识、营销水平、安全意识、环保理念以及成本意识，因此对酒包装的设计要综合考虑。成功酒包装所需遵循的方针是挖掘包装背后的历史文化内涵，并遵循绿色包装的原则，才能成为增强酒的市场竞争力的外在因素。

第四节　饮料包装设计

激烈的市场竞争、新产品的不断涌现，以及饱和的零售市场使得许多公司的边际利润越来越没有保障。在这种情况下，果汁、饮用水、啤酒、红酒、清凉饮料生产商怎样才能提高产品的销售量，在满足老顾客的同时又能吸引大批的新顾客呢？如果饮料生产商不能及时研制出新产品，那么成功的唯一途径就是对包装进行革新。据一份消费品调查报告显示，现在的消费品公司在产品包装方面大做文章，不断提升产品的货架吸引力，以刺激消费者的购买欲望。而且这类产品的数量在日用品杂货店占到了一半。随着消费者购买习惯及市场发展趋势的改变，饮料工业的管理者们不得不随之更新陈旧的市场观念，正如其他消费品市场一样，他们把饮料包装看得跟饮料自身同等重要，甚至还有人提出了"从包装看产品"的观点。

新饮料产品的推出，包装更像是饮料的营销工具，起着越来越重要的作用。它们逐渐走向多功能化，产品的货架吸引力也成为饮料生产商关注的焦点。

一、纸容器在饮料包装中的应用

近年来，纸容器多用于乳品及清凉饮料的包装。与其他容器相比，纸容器具有成本低、较经济、重量轻、有利于物流、无金属溶出和罐臭发生的优点。但纸容器耐压性和密封性精度不及玻璃瓶和金属罐，不能进行加热杀菌。

国外饮料包装设计

根据纸容器的材质和形状，纸容器可以分复合纸盒、原纸、聚乙烯、铝箔等。

（1）复合纸盒。果蔬汁及清凉饮料用的复合纸盒是聚乙烯复合纸容器。有的复合纸结构共由7层组成，从内至外分别是聚乙烯（两层）、铝筒、聚乙烯、纸板、印刷油墨、聚乙烯（或蜡层）。

（2）原纸。包装液体用的纸容器选用高强度原纸，漂白或不漂白。原纸厚度和纸浆材料根据容器种类和尺寸有所不同。原纸纸盒禁止使用荧光染料材料。

（3）聚乙烯。食品容器应选用无添加物、黏结性和密封性等加工特性好、相对密度为 0.917～0.925 的低密度聚乙烯，并且加工时应注意其均匀性、膜黏结性、密封性和臭气等问题。

（4）铝箔。铝箔用于包装的理由之一是其具有反射热射线的性质。铝箔可以防止紫外线的不利影响，长期保存食品而不变质。铝箔有较好的防湿性，但防水性与铝箔的针孔数有关。

复合纸盒的成形方式一般有两种：一种是由纸盒成形机预先制成折叠式扁形纸盒，使用时再展开成形，杀菌后进入灌装机；另一种是从原料板开始，杀菌、成形、灌装、密封均在一台包装机内完成。

二、纸容器使用与保管注意事项

纸容器根据其使用方法和保管状态而产生不同的物理性质，由于生产率降低、原料纸板损耗增加、密封不良等原因，因此要加强管理，注意纸的含水量。为了经济性操作，含水量控制在 5% ~ 6% 是理想的。特别是预成形纸盒，要求严格的保管条件，使用前应在室温 21℃ ~ 27℃、湿度为 30% 条件下仓储 10 ~ 14 天，达到规定含水量后方可使用。

预成形纸盒在保存过程中会因聚乙烯氧化而降低热封性能，或因折痕和纸纤维硬化失去弹性变为不平整，给灌装成形机造成供料困难。因此要进行经济合理的库存管理，使纸盒尽快使用，做到先进货先使用，最迟要在 1 年时间内完成。

三、饮料包装设计的趋势

饮料包装设计的趋势如下。

（1）便利成就未来。调查报告显示，消费者普遍喜欢易饮用、易储存的饮料产品。包装功能的多样性也极大地刺激了产品销售的增长，消费者

荷兰功能性饮料 MYGO Superfruits 包装设计
MYGO Superfruits 的新 Logo 与整个包装浑然一体，透明的饮料瓶加上糖果色的 logo，让人的味觉也蠢蠢欲动。

国外饮料品牌 Oggu 包装设计
该设计用色大胆，对品牌进行俏皮的直接陈述，并使用不同的字体和语言来反映丰富的生活内容。

越来越青睐省时、清洁、能够为生活带来最大便利的包装产品。如某食品公司对其产品咖啡伴侣的包装进行了重新设计，包装外形更加人性化，PP材料制成的瓶盖上带有一个开启阀，只用一只手便可以打开，给游戏爱好者带来了很大方便，他们可以边打游戏边喝咖啡，便于携带。这为饮料包装带来了历史性的革命，有时看似最轻微的变化却能够给人们留下深刻的印象。如果一种饮料产品便于携带、饮用、运输及储存，那么必将大受消费者的青睐。事实证明，一种全新的包装可以带来极佳的销售业绩。

（2）优质产品向小包装转型。消费者对小包装产品的渴求以及多件包装产品的成功推广，使小包装和多件包装逐渐成为时尚，特别是多件装牛奶在乳业发展潮流中引起了很大轰动。小型包装产品拓展了销售渠道，可以在自动售货机和便利店中进行销售。"小包装革命"已经蔓延至各个年龄段的消费者群体以及多种饮料产品。例如，不管是想给自己的孩子喝清凉饮料但又害怕他们饮用过量的母亲们，还是没有口渴到一定程度的成年群体，他们都可以选用小包装饮料产品。

（3）塑料包装居高不下。在饮料包装领域，塑料包装仍然比玻璃包装有着明显的竞争优势。塑料容器在啤酒及黑汁产品的包装上已逐渐抢占了玻璃容器的市场份额。同时由于在很多国家，玻璃容器被禁止在野外、音乐会及比赛场所中使用，因此 PET 等塑料包装得到很快发展，现已在食品货架上占据了重要位置。据美国市场调查公司调查显示，塑料包装仍呈现上升趋势。消费者们渴望饮料产品有一个很好的口味，当然也希望产品有一个高质量的包装，能够给他们的生活带来更多乐趣。这给饮料生产商带来了无限发展空间及商机。

美国塑料包装的需求量以年均超过 4% 的速度增长，至 2004 年达 130亿个的用量（该数据包括了渗透在玻璃、纸、金属包装容器等适用领域的

国外饮料包装设计

各种塑料容器）。其中软饮料市场的小型瓶包装还有待增长。

PET 瓶的透明、高阻隔、可塑、可重新密封等性能，使其用量在软饮料市场中不断增长，并逐渐取代铝罐的地位。PET 容器的无菌灌装主要活跃在果汁、果汁饮料等市场中，市场份额预计将从现在的 6% 增至 2010 年的 30%。

从 PET 出现在瓶装啤酒市场开始，消费者对其需求不断扩增，虽然目前还未给其他包装形式造成重大影响，但 PET 制造商在氧气阻隔性和耐热等问题上的不断改进，使 PET 瓶有了很大的竞争力。

（4）新型铝制瓶形罐在饮料包装中的应用。美国最新开发生产的新型包装容器——铝制瓶形罐（bottle can）罐装饮料出口到日本等国际市场，由于包装容器新颖别致、特点鲜明，立刻受到市场的欢迎和关注。这种新型铝制瓶形罐，比玻璃瓶重量轻、结实，而且可以百分之百回收利用。另外，与其他容器相比，更耐低温储存，用它装饮料可以存放较长时间，还适于多次饮用。目前，在美国饮料市场，体育运动员饮料和高能量饮料主要采用这种包装。通常 10 岁左右的儿童和青年人在便利店就可购买这种给人以"酷"感的饮料产品。这已成为一种市场发展趋势。铝制瓶形罐在给人以思乡情结的凝重感的同时，还具备很多功能。它冷却迅速，不像玻璃瓶那样容易破碎，很适合长途运输，而且还可以放在杯形夹持装置上的固定位置，保证货品安全运送。

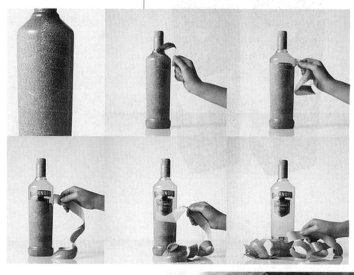

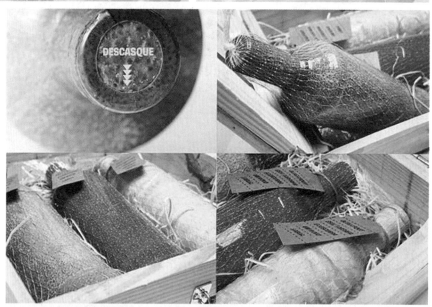

Smirnoff Caipiroska 果汁酒产品包装

酒水品牌 Smirnoff 邀请 JWT 智威·汤逊为他们的果汁酒 Smirnoff Caipiroska 设计包装，设计师使用水果本身的纹理为酒瓶包裹一层薄膜，打开包装时感觉好像在剥开一枚水果。产品共有三种口味：柠檬、西番莲和草莓。

William B.Allen 啤酒外包装盒创意
设计

西班牙罐装可口可乐创意包装设计

国外 Happy Planet 能量饮料包装

第八章　化妆品包装设计

第八章 化妆品包装设计

第一节 化妆品包装设计的依据与特点

一、化妆品包装设计的依据

设计得成功与否，取决于对市场的判断是否准确。只有做好全面仔细的市场调查才能准确地判断，进行准确的定位设计。市场调查首先要了解消费者的民族、年龄、性别、职业、地位、爱好、风俗，还要了解消费者的文化背景、宗教信仰、经济水平、生活习惯、消费心理及审美需求；其次要掌握该商品在市场上所占的比重和该产品的特点及优势，生产商的生产能力、规模、设备、管理等情况；此外还要了解竞争者的有关信息情况及它在竞争中的地位，了解有关市场的法律、法规和化妆品包装设计的发展趋向。设计师必须根据客户的条件、需求及市场状况、消费趋向制定出设计目标。设计师和企业不仅是服务与被服务的关系，还是一种彼此影响、相互约束的关系。设计师要如实地反映企业的要求，和企业相互沟通，共同创意。总之，设计师要从整体的角度去观察产品和市场效应，使产品具有自己独有的特性，并能站在目标消费对象的立场来做全面考虑，同时也要从企业的立场出发全面策划，创造更好的企业效益。

二、化妆品包装设计的特点

对于化妆品包装设计来说，由于其内装产品的特性，决定了它是融商品性与文化性、艺术性与科学性、审美性与趣味性为一体的设计。化妆品是与消费者接触较多、较直接的个人用品，它的品种多、分类细，每种产品的使用对象也越来越明确。因此，对某一个特定的化妆品包装设计，要有较明确的设计方向和宣传目标，给消费者传递的商品信息是特定的，非常明确的。正因为化妆品是有针对性和目的性的，所以，设计时要先定位，后设计，做到有的放矢。化妆品的包装设计可以按照商品的不同属性、档次、销售地区和消费对象来决定设计因素和设计风格，根据其特点来确定如何设计。

第二节 化妆品包装设计的定位

一、突出表现商品的品牌

在当今消费崇尚名牌的情况下，突出品牌对于企业来说是一种明智的

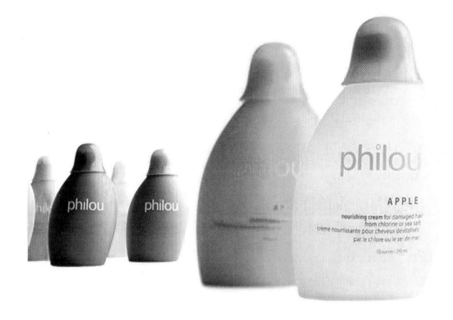

简洁明了的化妆品包装设计

选择。它对产品的销售起着决定性的作用，能为企业带来高额利润。创名牌有利于企业在竞争中取得成功。名牌能使产品升值且经久不衰，并能在竞争中处于领先地位。如消费者要买一瓶香水，在商店中有多种品牌的香水呈现在面前，各种信息、符号、色彩扑面而来，以供选择。名牌是首先跳入消费者眼中的。名牌有被优先选择的机会，因为消费者对它有一种信任感，这种信任感来自长期的宣传、良好的质量和企业的信誉。如果一种香水的香味刚好符合消费者的需求和喜好，价格又适中，加上它的包装设计出类拔萃，消费者首先会选择名牌。

突出表现品牌的化妆品包装，一般主要用于品牌知名度较高的产品包装设计上。它在包装的画面上主要突出商标牌名。世界知名品牌的化妆品，如香奈儿、雅诗兰黛、娇兰、CD、资生堂等都是突出品牌的典范。突出表现品牌的化妆品包装，在设计时都是以产品标志形象或品牌字体为中心，追求单纯化、标志化。此外，也可以该品牌的标准色为主，如清妃化妆品包装以红、黑、白为主；也可以标志图形为主，如法国的兰蔻牌化妆品，以一朵金色的月季花为主；也可用标识字体为主，字体一般经过专门设计，在外形上有突出个性，如圣罗兰（YSL）化妆品，其标志是以三个重叠的字母组成。总之，突出品牌，首先要有一个好的商标，要便于呼叫和记忆，它既是一个听觉符号，又是一个视觉符号。它还要简洁明了，具有较强的代表性，能给人留下过目不忘的深刻印象。

二、强调产品的特性

在设计化妆品包装时，要着重表现包装内容物的各种信息，如化妆品的性质、功能、用途、特色、档次、格调等，把商品最迷人之处呈现于消费者眼前。具有特色产品的包装设计可借助色彩的象征功能，用一些与产品有关的象征色彩作为包装的主色调。如 LANEIGE 防晒霜包装设计，运用了阳光般的明黄色，图形是简洁夸张的太阳形，强调产品的特色和功效，与产品本身的属性相符合，容易给消费者留下深刻印象。有些化妆品力求商品本身价值的高档感，如礼品香水着重强调高档次、高品位，表现华贵、典雅的个性，迎合一些"买情感"、"买身份"、"买品位"等软性消费的需求。在化妆品中有一部分成套设计的包装适用于作为馈赠礼品。

有些产品也可用一些简洁抽象的图形，来表现产品的现代感。在设计包装时，要尽可能地给消费者提供全面的商品信息，着重反映出商品产地的特点。如日本化妆品 Sansho 系列，采用日本国花樱花作为包装主图案，突出了日本地域特色，兼顾女性的高雅柔美，简约而不乏个性，一看便知是采用日本技术的产品（图 8-1）。由于消费者的差别化、个性化，要求商品以多样化来适应不同的消费者的需求。如"飘柔"洗发液，根据消费者发质的不同设计了干性、油性、中性或止痒、去屑型或保湿营养型等不同的品种。同样是美加净珍珠霜，有一般普通简装的、平装的，也有高档精装的。针对不同的消费层次，设计不同档次的包装形式。如"雅诗兰黛"抗氧化霜，将最新设计和东方古老的草药植物精华配方融为一体，强调有效防止皮肤氧化和衰老的特殊功效。总之，有不同需求的消费者，就有不同的产品和与之相适应的包装设计。

三、针对不同消费对象的设计表现

着重于特定消费对象的设计，主要用于具有特定消费群的化妆品包装设计，并能通过包装画面的形象使消费者感到产品是专门为自己设计的，能充分表现出消费者的心理特点。对特定对象的年龄、性别、职业等，处理上要更加典型性地表现，塑造一个具有独特魅力的形象或具有象征性的

图 8-1　具有日本特色图案的化妆
品包装

形象。如女性用的化妆品上，常常会出现一些青春美丽的形象来吸引消费者。在化妆品的包装设计上可以用抽象的、间接的手法表现消费者的心理，通过线条、色彩、格调来进行区分。如女性化妆品的包装设计，多以圆润、秀丽、轻巧的瓶体造型，具有女性特征的柔美线条，轻松、飘逸、洒脱的字体和淡雅、柔和、温馨的色彩，表现出一种典雅的女性美感。如纪梵希Givenchy金色年华（女神）香水，此款包装运用人体造型和建筑柱头相结合，香水瓶身是一个穿着胸衣的女人体，仿照了做衣服时的人体模型而设计，而瓶盖的设计灵感则来源于古希腊的爱奥尼柱头，极大程度地模仿了爱奥尼柱头的曲线造型，突出表现女性的柔美和优雅，同时也表达出此款包装的古典文化沉淀（图8-2）。

女性的理想就是希望肌肤永远保持细腻、滑润，成为青春常驻的象征，而化妆品的魅力就在于有其功用特点，有助于使人梦想成真。站在女性消费心理的角度，化妆品的包装力求表现出各类产品的独特功能，吸引消费群体。作为人们每日美化肌肤的必需用品，有些包装可以通过半透明的形式，使人对产品有直观的感受。与产品色彩相呼应的包装色彩、流线型的包装造型、精细的包装材质都可暗示出肌肤的细腻、湿润、娇美，它已成为化妆品包装设计所要突出表现的中心思想。翔实、准确的包装设计，既会满足护肤美肤的种种需要，也会大幅度地提高化妆品的销量。

男性化妆品的包装设计，则大多采用硬性的直线条，简洁、粗狂的字体，稳重的色彩，表现出一种方正的阳刚之气。如国外Dsquared2的男士香水品牌He Wood Rocky Mountain Wood，采用黑色包装，香水瓶则配以纯木木框修饰，回应其自然木质香调，这款包装凸显男性的气质，如图8-3所示。

对于儿童化妆品的设计，则要特别关注儿童的心理，设计出符合儿童

图8-2 纪梵希Givenchy金色年华香水包装 以女性人体造型为基础的包装设计

图8-3

欣赏水平的包装。通常用圆润、活泼的线条,勾勒出天真、可爱的各种形象;以明快、跳跃的色彩和灵活多变的造型结构,塑造出具有童话般的故事画面,使其具有更多的趣味性和观赏性,增加了商品的魅力,也更贴近儿童,吸引着儿童及宠爱儿童的家长。如"孩儿面大王"儿童润肤霜,巧妙地采用仿生学的原理,用小蘑菇的造型作为瓶形,活泼可爱,颇能抓住儿童的视线,加上包装盒上可爱的小动物,更加充分表现了儿童纯真的心理世界,如图 8-4 所示。

图 8-3 He Wood Rocky Mountain Wood 男性香水包装
右上图 Paul Smith 男士香水包装
中图 瑞典药房 Apotek Hjärtatr 推出的儿童防晒霜,采用富有童趣的图案。

图 8-4 孩儿面大王包装

第三节　香水的包装设计

一、令人神往的香水

一提起香水，人们自然会想到高雅华贵，想到神秘莫测。的确在很早以前，只有上流社会的达官贵人、名仕贵妇才可以使用香水。而在今天，人们对香水的偏爱和使用已发生了观念和习惯的变化。持有现代理念的男女，已经不再把香水看得神秘无比，敬而远之了。他们大胆地走近香水，使用它的芳香，体味它的个性，选择自己的品牌。今天的香水，已经不再作为奢侈品，它点缀着生活的色彩，演绎着生活的品味。

二、香水包装设计的特点

香水推向市场，第一步也是最重要的一步，就是要有一个吸引人的瓶子和精美的包装。包装会直接影响到销售，所以，一些大的香水公司设立了专门的设计部门，雇用了顶级的香水瓶设计师。香水公司花很大精力，创造高雅精致的瓶子和包装，使用豪华的陈列，是因为香水的外观就像画框、珠宝箱一样，香水的瓶子和它周围的一切提高了香水的美，也提高了它的价值。当然再加上它的成分，香水给人的美好印象才是完整的。好的香水应该是不寻常、不怪诞、有较强个性的，能使人记住的，并且是有活力和强度的。其醇厚香气是逐渐散发出来的，不会中断、扩散好、有持久力、香气稳定、氛围香经久不散。同时香水也要有独特的瓶形和包装，形成有机的统一体，才能给人以高贵、典雅、高品位之感。

空中的香气本是无法通过包装留下来的，但是好的设计会使人感受到空气中的味道，造型、色彩、结构、文字及辅助的形象设计，都能打动观者的嗅觉习惯，仿佛能辨别出空气中香水的味道。

女性不是香水的唯一顾客群，还有男性这个顾客群体。在国外，男用香水占货架 2/5 的位置，所以不能忽略男性香水这一市场。因传统对男女的不同界定，使香水的使用也有了习俗上的区分，男用香水比女用香水更加清淡，不露痕迹。男女香水的包装也有很大的区别，从外包装、造型、色彩上就可以辨别出来。男用香水的造型较严谨、厚重、刚直，运用直线条较多，简练、充满阳刚之气。东西方人对香水的味觉感受不同，男女对香味的喜好也不同，女性用的香水更加追求独特的风格。有的喜欢浓郁炽热的香气，浸入肺腑，撩人心扉，让人感到华丽的光芒，西方人更多的女性喜欢这种香气；有的人喜欢清新淡雅的香气，令人追踪寻觅，洒脱迷人，似有似无的清香让人感到轻松自然、舒畅，东方女性多喜欢这种香气。两种风格的香水，各具有迷人的魅力，都可以通过包装中的色彩、造型等形式表现。

女性香水的包装无论是从瓶形、色彩还是外包装都应该符合香水本身的特质。有的女用香水表现的是浪漫、温柔和性感，有的是追求优雅得体、细腻、宁静、和谐，有的是表现高贵、典雅，也有的是纯情、可爱、清新、充满自信与幸福。如"CoCo"香水，表现的是干练、极度精确和充满自信的理念。所以香水瓶简洁而具现代感，黄金比例的瓶身设计，纯粹而精练的线条，瓶盖上 26 个钻石切割面所折射的璀璨光芒，完全颠覆传统的审美观，使得此香水瓶身（图 8-5）成为现代艺术的经典作品，它 1959 年曾获得纽约大都会博物馆最佳瓶身设计奖，至今仍收藏于纽约大都会博物馆中。

男性香水给人以严谨、简洁、优雅、和谐之感。有的男性香水是为具有创造力、有活力、热爱生活、浪漫得体的男子设计的。男用香水的设计是雄浑有力、古典、高雅的，但也有的是返璞归真、休闲轻松的。例如"Boss Selection EDT"塑造了现代经典男士香水的典范，方形经典的瓶身设计包附于光滑、黑色结构的线条之中，手工打造的金属瓶盖简单、高雅，这款香水瓶形的设计恰当地诠释了成熟稳重的男性形象，如图 8-6 所示。

三、独具魅力的香水瓶形设计

在众多的香水瓶中，每一款都各具特色，争奇斗艳。香水瓶造型以不同的个性特色吸引着不同的人群，有以人体或人体曲线为主要设计元素的，如"Shocking"香水，是为了配合令人震惊的粉红色的时装发布会而设计的，香水瓶的魅力胜过里面的液体，瓶子是一个穿着胸衣的女人体，仿照做衣服时的人体模型而设计，如图 8-7 所示。又如"Anna Sui Secret Wish"（安娜苏许愿精灵）香水，香水瓶顶端是一位姿态娇美、闪烁着梦幻般微光的精灵温柔地坐在精巧的雾面水晶球上。整个香水的造型如同梦幻般富有

图8-5   图8-6   图8-7

图 8-5 香奈儿 CoCo 香水
图 8-6 Boss Selection EDT 香水
图 8-7 Shocking 香水

图8-8   图8-9

图 8-8　Anna Sui Secret Wish 香水
图 8-9　原宿娃娃香水

诗意，如图 8-8 所示。再如"原宿情人"（Harajuku Lovers）香水系列，以五个不同造型的娃娃为卖点，趣味的设计给人留下了深刻的印象，如图 8-9 所示。

　　除模仿人物造型以外，香水瓶中也有以花卉、草木为主要造型的，这种香水的内容物与瓶形更加协调，融为一体。比如"Marc Jacobs Lola"（马克雅克布·罗兰）女士香水，瓶身是一束由瓶中喷涌绽放的艳丽花朵，富有层次感、奢华而卷翘扭曲感十足的花束，大胆抢眼的色彩更是让人难抵诱惑，如图 8-10 所示。又如"Nilang"香水，它的瓶子是将荷花的图案装饰在瓶身上形成一条条流动的曲线，瓶盖是一朵盛开的荷花，和瓶身巧妙地组合，相互呼应，如一朵出水芙蓉，光彩照人，无与伦比，如图 8-11 所示。以自然界花卉造型为主体的化妆品包装设计还有 Marc Jacobs 的雏菊 Daisy 系列香水，如图 8-12 所示。这款香水瓶以雏菊为设计原型，整个香水的设计大气尊贵，优雅的香水瓶身用黑色搭配金色花朵。这款香水一经推出，就夺得香水爱丽 FIFI Awards 年度奢华女香、最佳女性精品香水包装等大奖。

　　香水瓶也有以动物为设计元素的，如"KENZO"香水。1998 年，为庆祝中国农历虎年，推出一款"Jungle"丛林系列东方型的香水，野性但不失温柔，瓶盖上是一只丛林中的银色老虎，与透明的瓶身，形成了一首赞美大自然的颂歌，赋予爱的生机，充分体现了东方女性柔中有刚的个性和积极、勇敢、富有魄力的性格，如图 8-13 所示。

　　另外，香水瓶也有以日、月、星辰、建筑、饰物、钻石、服装、心形及抽象的几何形为造型的。如"Wish"香水，借用钻石的某种特质，模仿多面切割的钻石形状，用夜空般的深蓝色做包装色，标新立异，使其具有独特的魅力，如图 8-14 所示。

图8-10　　　　　　　　图8-11　　　　　　　　　　　　　　　　　图8-12

图8-13　　　　　　　　　　　　　图8-14　　　　　　　　　　图8-15

　　"Vera Wang Princess EDT"香水，香水瓶身宛如一个心形，带有闪亮切割面，而香水的顶端搭配了金色的皇冠，如图8-15所示。"Anna Sui Rock Me"香水，整个香水瓶宛如一把晶莹剔透的吉他，瓶盖设计为粉红吉他琴弦和琴格形状，瓶身配有玻璃浮雕蝴蝶翅膀，如图8-16所示。又如"Amonge"香水，充满异国情调。这是一款真正的阿拉伯香水，散发着东方的芬芳香味中，混杂着敏感的阿拉伯传统成分，它被称为"世界上最有价值的香水"。它的瓶形设计是一系列昂贵的伊斯兰风格的香水瓶，是从建筑物中寻找到的设计灵感，瓶子上面镶嵌着银子或水晶，金光闪闪的顶和金色装饰相互对应，加上透明的玻璃，整个包装给人高贵、富丽的气质，如图8-17所示。

　　除人物、动物、几何形状外，现代香水瓶形设计呈现的是多元化的趋势，越来越多独特、新颖的造型出现在我们视野中，同时有些香水的包装设计运用了简洁、抽象的表现方法，使整个香水给人一种简约、现代的感

图 8-10　Marc Jacobs Lola 香水
图 8-11　Claire de Nilang 香水
图 8-12　Marc Jacobs 的 雏 菊 Daisy 香水
图 8-13　Jungle 香水
图 8-14　Wish 香水
图 8-15　Vera Wang Princess EDT 香水

图8-16

图8-17

图 8-16　Anna Sui Rock Me 香水
图 8-17　Amonge 香水

觉，并且能充分利用环保的材料，以体现一种绿色环保的理念。如图 8-18 是一组多元化的香水瓶形设计。

第四节　化妆品包装设计的趋势

一、力求创新，突出个性

创造性是设计最重要的前提。人类文明史证明，人类的进步，社会的发展，都是打破旧秩序，创造新秩序的结果。"创新"是设计的生命，也是设计的根本。无论是设计，还是艺术创作都在追求一个"新"字。如果一种设计没有新意，它就会显得苍白无力。化妆品包装设计亦是如此。它要在众多的商品中脱颖而出，创新是关键。设计师要始终站在设计的前沿，要有远见卓识的眼光和勇于创新的精神；要能在设计中，运用巧妙的构思，新颖、奇特的创作意念，以奇制胜；要能充分应用现代的设计手段和丰富的设计语言来为设计服务；要采用别具一格的处理手法、极富浪漫的色彩表现，使设计具有鲜明的个性和超凡脱俗的设计品味，使其能在传达特定商品信息的同时，给人一种醉人的意境和美的享受。

设计用一种视觉形象语言来描述产品，如同一个人说话，语言表达清晰、有力、明确是非常关键的。在快节奏的今天，包装设计要能在最短的时间内，准确迅速地传递商品信息，并能抓住消费者的视线，使其产生兴趣和购买欲望。

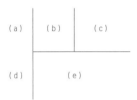

(a)	(b)	(c)
(d)	(e)	

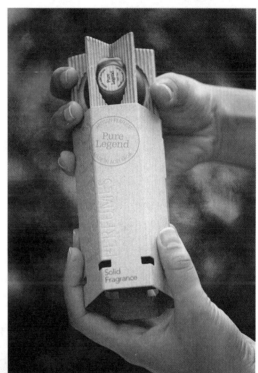

图 8-18
（a）迪奥真我香水
（b）Davidoff Echo 大卫杜夫 回音香水
（c）LOLITA SI 洛俪塔 丝之香香水
（d）Ferragamo 佛莱格默 梦中彩虹香水
（e）新西兰环保再生的太平洋香水包装，包装材料使
用环保再生山毛榉为基本原材料进行设计

对于时代性很强的化妆品来说，个性印象是一个极重要的心理要素。商品只有个性满足消费者心理需求，得到消费者的青睐，才能成为畅销的商品。因此，化妆品包装只有塑造有鲜明个性的印象，表现出不同于同类产品的独特魅力，才能在竞争中处于不败之地。

二、注重文化性与传统性

简洁明快的格调是设计师共同追求的目标。好的设计应是既简洁又含蓄的，除了能准确地表达商品信息之外，还要有更深层的内涵，那就是"文化"。文化是人类为了生存发展而逐渐形成的一套生活方式。人类以自身创造智慧，在适应环境、改造环境、利用环境的过程中创造了文化，可以说文化无处不在。在设计中不能忽视对文化的体现。设计需要一种文化意念，它是设计的本源，也是体现设计师自身底蕴的最好表现。设计在今天应强调本民族的文化色彩，独树一帜，并能融入世界文化主流。这样才能体现出设计独特的时代气息与智慧，体现中国设计之灵魂，做到形式与内涵的高度统一。

传统是世代相传，具有民族特色的文化遗产。它随着人类历史的进程而不断充实和更新，不断向现实靠拢，并在为现实服务的过程中得到不断发展。传统是有形的，又是无形的。它既有空间的局限性，又有超时空的无限性。任何民族都有自己的传统文化。中国的传统文化是中华民族历史的结晶，也是中华民族对于人类的伟大贡献。它具有独特的魅力和不朽的生命力，是中国人民的精神宝库，也是中华民族立于世界民族之林的根本。设计如果割裂传统，失落气脉，只是横移一些所谓的表现技巧，势必是无

莎乐美（Shalimar）香水
香水名称来源于印度一个动人的爱情故事。设计师被这个故事深深感动，决定创制出一种香水来纪念这对情人。香水瓶造型独特，如同花园中的一尊雕塑，极具东方风情。

佰草集日月精华
上海家化推出的一套高档护肤品，两瓶精华露组合成中国传统图形——太极图，一深一浅，代表夜晚和白天，大气古典。

国外香水包装
此款香水包装别出心裁，把石头的材质作为设计的素材，通过石头相狂的质感来反衬出香水的柔美和细腻。

Neiman Marcus 香水包装
这个产品的包装设计，使人联想到原始绘画艺术和黄金的质感：玫瑰浮雕帽、标签的质感、原始带有野性的色彩，让人们对此投入比香水本身更多的注意力。

源之水，没有生机和活力。传统是发展的、流动的。前人为我们创造了文化形态，保留下来的就成为现在的传统，今天的人在为今后的人创造传统。因此今天的设计要有足够的传统文化底蕴。作为设计师，应采历史文化之精髓，播时代设计文化之气宇，以新的姿态、艺术的综合修养、广博的知识信息、优秀的审美情趣，引导公众，从而提高整个社会的审美意识及生活品位。

三、追求高品位的设计风格

今天的设计有怀旧和追忆往昔的倾向，可是在这怀旧的情调下，却有着一种崭新的精神。回归自然，加强环保意识，注意节约能源，已是国际设计界的一种必然趋势。伴随着社会的日新月异，人类即将跨入新的文明历程，设计也将更加具有真正的时代意义和文化内涵，并以独特的魅力和不可缺少的文化影响着人们生活的方方面面。我们生存在一个信息传播多元化的社会，正面对着全球一体化、全球市场化的时代，人类将逐步趋向"世界大同"。设计也将趋于大同和国际化，并处处显露出时代的痕迹和共性。但设计本身独特的地域化、个性化势必以新的姿态、新的文化意义展露风采。具有民族性、传统性和时代性的设计，永远是光彩夺目，具有竞争性的。也就是说，用世界的语言讲述东方的故事，是中国走向世界的唯一道路。一个设计的新纪元正悄悄地到来，起步较晚的中国设计界，将面临着更为严峻的挑战。目前国内化妆品的包装设计水平正逐步提高，并日趋成熟，更多、更新的具有中国神韵的化妆品包装设计将跻身于国际设计之林。

维多利亚的秘密——护肤品包装
设计
此款包装运用蕾丝与豹纹的组合

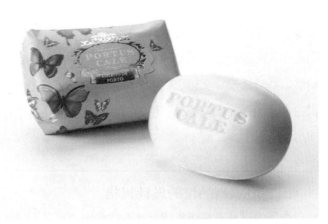

国外香皂包装

维多利亚的秘密 夏季香水维多利亚的秘密为她的每一款不同的香水推出个性化包装。每个包装盒通过使用明亮的色彩以及有趣的抽象图案，以及瓶上的两个色调渐变表现出夏季爆发的优雅态势。

Beardwood 圣诞主题沐浴及香水包装设计
五颜六色的色彩搭配，映衬出节日的快乐。

第九章　医药品包装设计

第九章　医药品包装设计

在商品经济中，包装以独特的形式传递着各种不同的商品信息，给人们的生活带来方便，同时也给人们带来新的消费观念。包装设计属于工业设计的范畴，是一门新兴的、多层次的综合学科。它是艺术与技术、文化与科学的融合体。这就要求包装设计师不仅要有美学知识和较高的艺术素养，更要有多面性的知识结构。在设计包装时不仅要考虑它的功能性、实用性、艺术性，还要考虑它是否有利于生产和销售，是否能满足社会和人们的生理、心理的需求，这是包装设计的思想基础。尤其医药品这种特殊商品的包装设计更是如此。

第一节　医药品包装设计的商品属性

商品属性是客观的，是多年来在人们视觉和心理感受上对商品形成的习惯概念，也可以把它看成一种形式规律、一种模式。不同的国度、不同的民族，有着不同的传统属性的概念。医药品是能治病的特殊商品，它有其自身的特性，具有治病救人、延年益寿、保健等功效。它同其他商品一样，都要以某种特定的"形式"来包装宣传自己，在市场上以特定的"信息"向消费者进行视觉传达，使之得以感知，引起联想，产生购买行为。

药品包装设计受到药品性质的限制，它的特殊属性是每一个从事包装设计的人都必须认真对待和重视的，否则，失去药品属性的医药品包装设计将是不伦不类、含混不清的设计。市场上有一部分医药品包装就是这类，消费者不能直接从包装上获得准确的信息，所设计的包装和药品本身没有内在的联系，可以说这是失败的设计。成功的药品包装设计多以宁静、稳定的构图，明确、严谨的文字，简洁、明快的色彩，干净、严肃的画面，来突出药品的属性特征，同时，追求一种令人感到具有药效作用，使人信服的效果。药品包装设计无论是功能上还是形式上，都要使消费者有舒适感和信任感，给消费者传达一种信心、一种希望和一种向上的生命力。

第二节　医药品包装设计的色彩设计

商品包装色彩的第一功能就是表现内容，使人们看后产生联想。在医药品包装设计中色彩起着决定性的作用。色彩可以影响人们的健康，不同

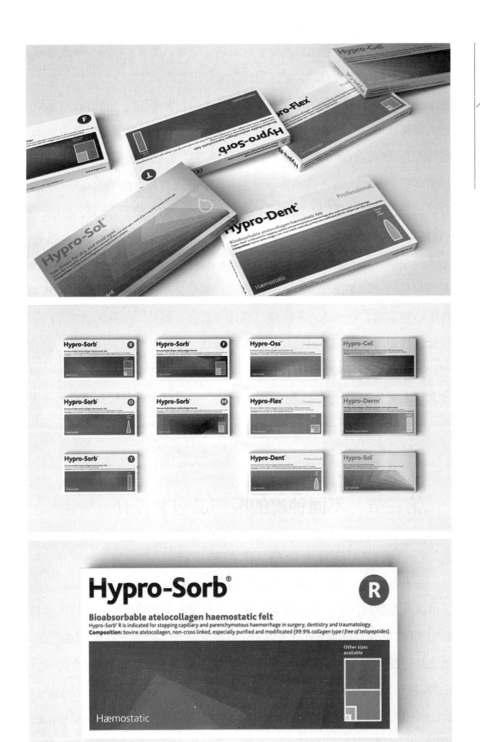

Hypro 药品外包装盒设计

的色彩给人的感受不同，它是人们生活经验的积累，是对实物联想而产生
的一种印象。这就要求我们在设计时做大量的调查、研究分析，充分利用
颜色给人的联想加以适当的运用，并能准确地表现其商品性。不同的色彩
给人的联想不同。如蓝色给人以清新、素雅、凉爽之感，很容易使人联想
到清凉、降火、镇静、降压等；绿色给人以青春、自然、新鲜之感，使人
联想到永恒的生命力；红色则给人有多种不同的感觉，能给人以兴奋、热烈、
甜蜜、活血、滋补、营养等感觉，但也能给人危险、禁止、警告、流血的

感觉，所以要慎用红色；白色给人以清洁、宁静、严肃、纯洁、神圣之感，所以在一些药品包装上，大量运用白色来突出其药品性。

不同的商品对色彩的运用也有差异。食品包装多用红、黄等暖色系列，给人以美味可口、增进食欲和增加热量的印象；五金电器包装多用黑、灰、蓝等冷色系列，给人以严谨、庄重、精致和高科技感；化妆品包装多用粉红、淡紫等粉色系列，给人以清洁、卫生、润肤、美容和女性的柔美感。药品包装则根据药品性质的不同做适当的色彩设计，如清热解毒的药品是治疗因身体的"内火"而引起的病症，所以其包装设计多用蓝、绿等冷色系列，给人以宁静、降火、凉爽之感，使患者感到舒适、安慰；又如保健滋补类药的包装设计，多用红、黄等暖色系列，满足人们追求强身健体、延年益寿的心理需求，并给人一种温暖、健康、活血、滋补、养身的感觉；再如设计女性用的保健药品的包装，则多用粉红、粉蓝等色，并以大量的白色衬托，使包装既有女性的柔美之感，又有清洁、卫生、健身等药物性，符合女性追求美的心理和保健的功效。总之，药品包装的色彩要有益于患者渴望病愈的心理和追求生命力旺盛的愿望，要能给人以维护健康、治病救人的良好印象。

第三节 不同种类的医药品包装设计

一、医疗用药和大众药品的包装设计

医药品大致分为医疗用药和大众药品。一般医疗用药的包装设计，除了商标大多数以文字为主，在它的包装上，说明文字分区排列，依所要传达的顺序，在规定的位置印上文字，既理性又整齐，简洁明了，说明性很强，这也是一般药品生产厂家的一贯设计策略。医疗用药之所以以文字为设计主题，首先，是它在销售上的原因。制药厂在向医院或药店推销医疗用品时，由于对方多为专业人员，故以药效和信赖性为首要条件，至于在推销上的说服力则有附带的专门性资料或说明，在包装上没有必要特别强调，其主题在整齐易懂的外包装说明和给人的信赖感上。其次，是经手它的人都是专业人员——医生和药剂师，都担负着较强的社会责任，处理药品时不容许有半点疏忽，而辅助性的药品包装便不需要有太多的感性表情，明晰的标志才是最重要的，这是这类药品包装设计的特点。

大众药品包装设计则有所不同。在药店里，感冒药、胃肠药、眼药水等一些常用药，皆依治疗用途的不同而分类摆放。消费者挑选药品的方式可分为三种：一种是重复购买或指名购买的情况，通常都会告知商家商品的名称和品牌，或是所要的商品就在眼前，很容易找到；另一种是没有特

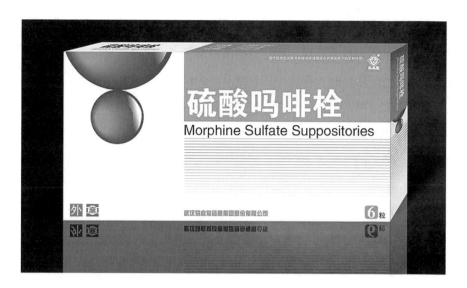

医疗用药包装

大众药品包装

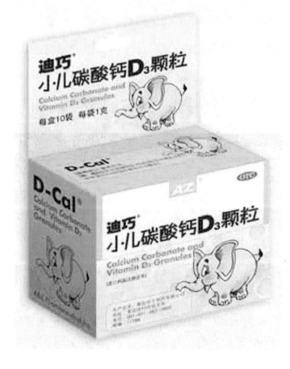

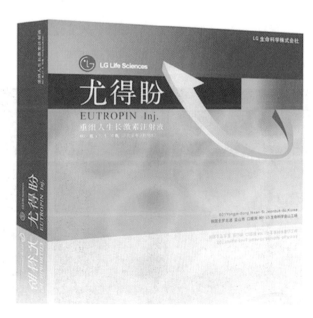

别指名，多会请商家推荐几种，并把它们排列在柜台上加以判断和选择，或听从商家的推荐；还有一种是自己从货架上进行选择比较做出决定，选购自己认为印象好的、有信任感的商品。大众药品通常是在药店里配置在货架上供人选择购买，所以它的包装设计应有别于医疗用药。首先它要标明药品名称、制药厂名，其次是药品的种类及说明等。它除了在包装上显示以上必要的内容外，还要着重展现包装的个性以及视觉上的冲击力，能在同类产品中产生较强的竞争力，起到无声货售员的作用。

二、中药包装设计与西药包装设计

中药包装设计按卫生部《新药审批办法（中药部分规定）》，必须要有药品名称、规格、主要成分、中医药理论或基础实验的阐述、功能与主治、用法与用量、不良反应、禁忌、注意、储藏、使用期限、生产企业、产品批号、特殊药品和外用药的标识，必须在包装及使用说明上有明显标示。中药包装设计还要充分体现出中华民族古老而丰厚的中医学文化的传统性，体现出中药纯天然、无副作用的良好药性，并能符合人们追求回归自然的心理需求。市场上有些中药包装只是简单地模仿或照搬一些传统的图案纹样，没有体现传统的精华，使设计出的包装显得陈旧、呆板、缺乏时代感。设计中药包装应该是抓住传统性、民族性的精神实质，并加入时代的气息，应有创新并能准确明了地传递药品的信息，使患者在获取应有信息的同时，又受到一种传统文化的熏陶（图9-1）。

西药的包装设计按卫生部《新药审批办法》的要求，要有药品名、结构式及分子式（制剂应当附主要成分）、作用与用途、用法与用量（毒剧药品应有剂量）、毒副作用、禁忌症、注意事项、包装规格、含量、储藏、有效期等内容。西药包装设计应能充分体现出西药疗效快的特性和高科技性。所以，西药包装设计多以简洁明快的色彩、清晰明了的文字来突出它的药性，并能充分利用新技术、新手段，使其具有极强的时代感（图9-2）。

图9-1　中草药制品包装
整个包装的图案为白描中草药图案，根据每一个产品配上相应的中草药图案，右边品牌名设计成现代字体。包装的材料为牛皮纸，主要市场是香港地区和海外。

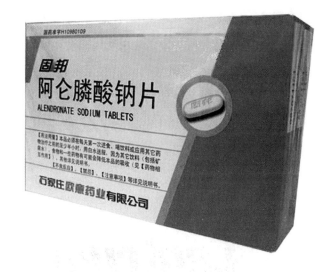

图 9-2 西药包装

三、保健药品包装设计

保健药品的包装设计，不像纯治疗性药品包装那么理性，它可以根据内容，在视觉上追求更丰富的效果。保护健康、延长生命是人人向往的，所以，增强免疫机能、提高抗病能力、延缓衰老、滋补强身，是一些保健营养品的追求。

在保健药品中，有一类是女性保健用药，主要功效是美容、润肤、减肥、使人焕发青春等。设计这类药品包装既要有药品感，也要有女人味，要能符合女性追求美的心理。如果过于强调与现有的药品相类似的感觉，就很难成为女性追求的对象，而过于倾向化妆品则会失去药效上的功能性，所以这类包装应考虑统一性与个性的关系。要设计出极具女人味、高雅脱俗的药品样式，色彩担负着很重要的作用。采用强烈的纯色，是原有药品的感觉，加上粉色柔和的色彩搭配，使其更具有女人味。以灰色为代表的冷色，则会给药品一种新的感觉。良好的色彩设计会使女性保健药品包装有一种清新、高雅、有药效之感，赋予其新的生机。

第四节 医药品包装设计的新思路

在设计医药品包装时，为了达到预期效果，有多种不同的设计方法。设计时可将商品的名称强调出来，使它一目了然，鲜明夺目；也可将个别主要的文字加粗或运用变体字，进一步强调其主要的部分；也可用一种与药性有关的抽象图形或具有一定寓意的图形、色彩来形成一定的视觉焦点，使画面具有视觉中心，进而引起消费者的重视；也可加粗或加宽较强烈的色块、色带，使其具有较强的视觉冲击力。在设计医药包装时要尽量采用减法，以最少的设计元素达到最佳的视觉效果。

总之，人们对物质、精神的需求越来越高，审美也随之不断地变化和发展。设计师在设计医药品包装时，应该运用现代的设计思想，准确地把握商品的特殊属性，突出其个性，充分利用高科技带来的新材料、新工艺、新技术，开发实现包装的新功能、新结构，并能巧妙地运用现代化设计手段带来的新的设计语言，创造出更加丰富多彩，更加科学合理的新包装。要赋予包装的药品以新的生命，使设计达到完美的一体化，具有更加引人的视觉效果和竞争力，焕发出更加独特的魅力。

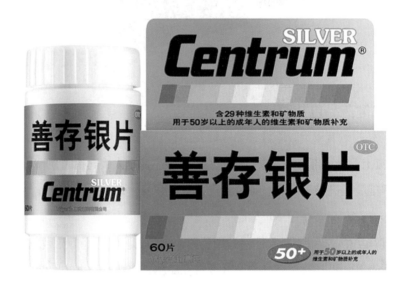

保健用品包装

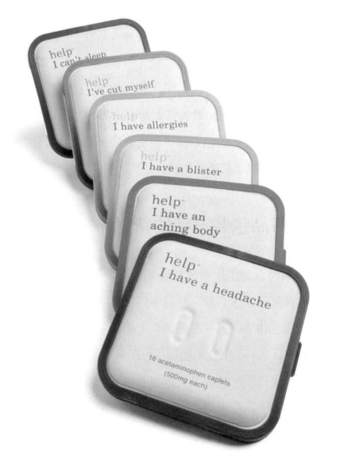

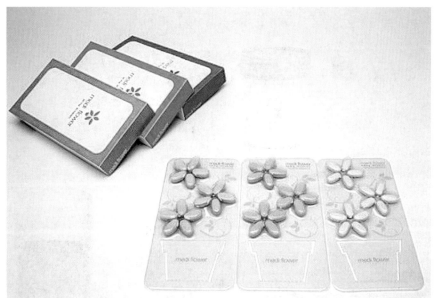

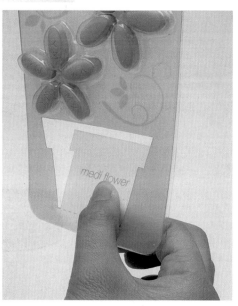

美丽的痛苦——药片包装设计
这款花形药片包装设计，取名为
Medi Flower。设计师在设计这款
药片包装时，特意把药片装在可爱
的花朵包装内，可以把它放在显眼
的地方提醒病人是时候服药了；美
观的包装也可以给饱受疾病困扰
的患者一点安慰。

国外药品包装设计

第十章　礼品包装设计

第十章　礼品包装设计

第一节　礼品包装的意义与作用

礼是人类文明的标志，无论东西方，礼尚往来是传统美德。中华民族自古以来就是重视礼仪的国家。礼品是体现礼的一种方式，尤其是东方人更加注重礼的形式，因此，也就非常重视礼品的包装。

礼品包装是礼品与心灵之间架起的一道桥梁，是心灵与心灵之间的交流与沟通，并在融融的祥和气氛中延伸、发展。礼品包装是设计师最能施展才华和体现设计水平的包装形式，它既是一种挑战，也充满着乐趣。每一件成功的礼品包装设计作品，都倾注着设计师无尽的心血。

随着社会的发展，文明的进步，人们懂得了借助包装来增强礼品中"礼"的含量。一件优秀的礼品包装能够为礼品增加附加值，能提高礼品的身价，还能补充和丰富送礼人的心意，使受礼人获得意料之外的精神享受和满足。同时，当礼品使用之后，精美、耐用的礼品包装还可以继续使用。总之，好的礼品包装能给消费者带来额外的价值。

第二节　礼品包装的种类

礼品一般可分为三大类。①食品、保健品、化妆品及其他产品，将其专门设计成礼品款式的包装，加以礼仪意味及其形式。如酒、月饼、巧克力、茶叶、保健品、化妆品礼盒等，适于个人之间的馈赠，如图 10-1 所示。②统称的礼品产品，加上精致的包装，成为目前流行的礼品，产品内容非常广泛，适合青年人、企事业单位等馈赠之用。如水晶饰品、装饰画、工

图 10-1　具有礼品款式的包装

图 10-2 统称的礼品产品

图10-2

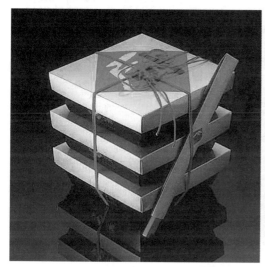

艺品等，如图 10-2 所示。③一些小商品加以欧式的礼品款式的包装纸及特定材料的结扎方式，重新施以程式化的包装方式。如风铃、花瓶、丝绸品、旅游纪念品等。

礼品包装也可分为一般礼品和特殊礼品。一般礼品要考虑它的经济性，要符合大多数消费者的购买能力，但也要有较强的装饰效果和良好的视觉效果，要有一定的"礼"的意念融入包装之中。高档的特殊礼品强调包装的式样新颖、别致、华贵，强调给人心理上的高贵感，也就是比实际价值看上去要高的感觉。无论是哪一种礼品包装，都有一定的程式，使人第一感觉就是礼品，而不是具体的产品，它传递一种礼仪，带来一份情意，给人一份温馨、一份寄托、一种美好的愿望。

第三节 礼品包装设计的要求

现代人更加包容和开放的心态，使人们能接纳各种风格的礼品包装，雍容华贵、朴实清新、简洁明快、童趣盎然、浪漫温馨、成熟稳重等风格都能在消费者中找到知音。不论哪种风格的作品，其关键在于设计师能否赋予其思想和灵魂，能否通过图形、色彩、文字等设计元素传达出设计意念及在包装中蕴涵的特定意义，而不仅仅是表面单纯的视觉效果。

在更加讲究合理、有序的时代，现代包装设计师应该把握设计的分寸感、合理性和科学性，避免过分包装。有的礼品包装不惜成本，本末倒置，夸大包装，包装的成本远远超过商品的成本几倍，造成包装界的浮夸风，使消费者产生反感，造成资源的浪费，不符合现代环保的理念。礼品包装设计应该注意是否符合内容物的属性，是否准确地传达出商品的特征，图形、色彩、文字是否具有恰到好处的寓意，表达的方式是否独特，具有个性，是否表达出设计师或企业的观念，是否能迎合销售地区人的喜好。设计师只有不断更新，不断探索，勇于学习中外知识、信息，掌握新的设计手段，才能使设计的手法、风格多样化，设计出满足不同消费群的礼品包装。

一提到礼品包装，总是与"华贵、精致、典雅、气派、高档"等词相关联，这是因为礼品包装从材质、结构、装饰、制作工艺上，都比其他普通包装更加考究。追求精致、华丽、富贵的设计风格，代表了礼品包装给人的一贯印象，而现代社会是一个多元化并存的社会，在礼品包装的设计上，只有多种风格、多种形态的设计才能与国际接轨。简洁、明快、环保的设计风格，拓展了"礼"的概念，回归自然、绿色环保、简约设计、人性化设计已逐渐成为礼品包装设计的一种趋势。

第四节 礼品包装的文化内涵与传统性

不同的文化土壤孕育出丰富多彩的艺术之花，世界因差异而更加精彩。我们要尊重民族间的文化差异，首先就要了解、认识不同文化背景下灿烂的民族文化。各国民族文化都有着彼此千差万别的内涵，拥有各具特色的礼仪、礼俗，和千百种不同的外在表达方式，其中礼品是较为重要的一种。因此，好的礼品包装应该是把图案、符号、文字、美感、信息、民俗、情谊集于一体的包装，如图10-3所示。

在有关庆典、婚礼、团聚等传统习俗的礼品包装中，我们可以强烈地感受到由民族文化内涵的不同所引起的东西方礼品包装在色彩、图案、结构、装饰风格等方面的巨大差异。如中国人崇尚红色，对黄色、橙色等暖色颇加偏爱，在中国人的传统观念中，红色代表喜庆，象征活力、喜悦、热情、吉祥；明黄色曾为中国皇帝的专用色，在中国人眼里，黄色具有权威、辉煌、智慧、高贵、丰收、成熟、财富等含义；橙色则象征积极、愉快、甜蜜、新鲜等意义。所以，春节、中秋等传统节日和婚庆的礼品包装多以红

图10-3

图10-4

图10-5

图 10-3　具有民族特色的礼品包装
陈幼坚作品，论道 竹叶青包装
图 10-4　具有喜庆色彩的礼品包装
图 10-5　浅色调的礼品包装

色调、黄色或橙色调为主，以体现喜气洋洋、暖意融融的喜庆气氛，符合中国人普通的审美需求，如图 10-4 所示。而在西方尤其是美国，特别喜爱蓝色，他们认为蓝色意味着信赖、保守、理想、神圣，他们赠送的结婚用品的包装多采用纯净、典雅、高贵的蓝色为主的冷色调或以白色为主的浅色调，以表示对新郎、新娘忠贞爱情的祝福，因为他们认为白色是纯洁、明快、欢乐、洁白的象征，如图 10-5 所示。

在传统文化中，对精神文化的享受体现在平和含蓄之中，而忌讳过分张扬炫耀。这为礼品包装设计开启了新的境界，避免了礼品包装常有的华丽与喧闹，而是表现一种深刻含蓄的文化精神，追求一种超越物质的恬淡而深沉的境界。在这个意义上，礼品包装是一种境界的象征，是一种精神的寄托。

由此可见，由于传统文化的差别，民俗风情的不同，所体现的内容、形式也各不相同，所以礼品包装设计也应该是千差万别、丰富多彩的。

第五节　民族性与民间艺术在礼品包装中的体现

礼品包装对具有民族特色的吉祥图案的运用已相当普遍。在中国传统艺术和民间美术中，就有许多意义深刻、被广大群众所喜爱的吉祥图案，如富贵满堂、三羊开泰、松鹤延年等。中国传统吉祥图案，以自然界物象或传统故事为题材，用寓意、象征、假借、比拟等含蓄比喻的艺术表现手法，表达人们对美好生活的追求和期望。它着重于吉祥的内涵，而有别于一般的装饰图案。因此，在礼品包装上运用吉祥图案，首先需强调的是所用图案应符合包装所要体现的主题与内涵，其次才是视觉美感和对形式的考究与斟酌，如图10-6所示。

每个民族都有自己的吉祥物，每个民族喜好的装饰图案也因地域文化和民族气质的不同，而有着独特的风格趋向。如气候寒冷的北欧国家比较倾向于欣赏偏蓝的冷色调，多以植物为题材，喜欢繁简适度的对称图案；而性格刚烈、做事严谨的日耳曼民族则偏爱色彩稳重、线条简练的图案；生活在热带的一些非洲国家，则喜爱对比强烈的，黑、白、红颜色组成的多直线、多棱角的几何图案。

把握礼品包装中民间民俗的情趣，尊重民间的风情，对千姿百态的各种民间风格深入理解，加以吸收，才能抓住要领。每一个民族、地区、时

图 10-6　象征吉祥图案的礼品包装

图10-6

期，都有一些精彩的形象、形式、色彩搭配，记载了他们对礼品的独特理解，是人类美好情感的重要组成部分。它可以丰富情感的表达方式，也使礼品包装的设计语言更加精彩。民间艺术给人健康、美好、清新、自然的艺术风格，五彩缤纷的艺术形象可以给礼品包装的设计提供丰富的素材。

总之，优秀的礼品包装作为一种艺术表现形式，所体现出的不同文化内涵，正是各个国家和地区不同民族文化的精神和特征之所在。设计师只有深刻地领会其精神内涵，把它们转换成恰如其分的可视元素，才能给我们丰富的视觉感受和美好的艺术享受，为我们了解多彩的各民族文化提供一条可视途径。我们只有尊重、珍视文化的多样性，创造一个真正平等的多元化并存的理想社会，人类才有可能培养出绚丽多彩的艺术之花。

第六节　礼品包装的商业性与艺术性

作为包装商品的礼品包装，它本身就是商品不可分割的一部分，所以它具有一定的商业性。礼品包装，作为现代包装体系中的一个重要组成部分，如何在材质、结构、图文、色彩等方面体现出礼品应有的礼节性、身价感，是每一个设计师必须要考虑的。同时应考虑如何最好地运用材料，降低成本，提高利润，并有良好的视觉审美效果，能引起消费者的购买欲望，促进销售，使礼品在商业竞争中立于不败之地。有的商家在特别的节日，抓住良好的商机，推出特殊的包装，具有很强的针对性，能刺激消费者消费，促进销售。如西方的情人节，巧克力是商战中竞争最为激烈的对象，最后往往是精美的礼品包装使厂家胜出，虽然这些精美的包装要多付出平均10%的包装费用，却为厂家赢得了更多的利润，这说明消费者开始更加注重包装及包装带来的深刻意义，如图10-7所示。

礼品包装带有商业性的倾向，为人们的生活和商业活动服务。这使得礼品包装的风格和表现手法更加丰富多彩，不拘一格，也更加贴近生活，引导时尚消费的潮流。时尚和流行引导了生活的潮流，也更加激发了人们的创造力和进取心，使生活的质量不断提高。对时尚的关注、与时尚的合拍，应该成为设计师的职业本能。设计师要及时吸收时尚带来的清新空气，并能在礼品包装中体现。要善于摒弃陈旧的模式和不适时令的东西，推陈出新，勇于突破，引领时尚，使礼品包装充满生机和新鲜感。

礼品包装设计是一门综合的艺术，无论是包装的选材、结构，还是画面设计，都蕴藏着深厚的艺术功底，尤其是画面的设计，如摄影、书法、绘画、构成、卡通、图案、色彩等艺术形式，比普通包装更加讲究艺术性。礼品包装的艺术性体现了礼品的感染效应、认同效应、诱导效应和启迪象征效应。

图 10-7　浪漫情调 Beyaz Firin
情人节礼品蛋糕包装
Beyaz Firin 是土耳其伊斯坦布尔
的一家面包公司。2009 年情人节，
Beyaz Firin 推出了以 "love" 为
主题的蛋糕，其包装以粉红色为主
基调，着实适合情人节这个浪漫的
节日。

　　好的礼品包装应具有强烈的感染效应，这是一种艺术感染力，是一种潜移默化的神奇力量。有的时候，我们喜欢一件礼品包装，被它的美所吸引，不知不觉地被它的艺术效果所打动，一切都是自然而然，在不经意间流露的。有时候我们会感到心灵深处有某种朦胧的满足感被它召唤了出来，情感得到了抚慰，心灵得到了满足，这就是礼品包装的艺术性带来的巨大魅力。艺术性还表现为认同效应，首先要考虑的是送礼者，才能保证设计时的最佳状态。礼品包装设计与其说是为了使得到礼品的人高兴，不如说是为了让送礼者满足。礼品是祝福的象征，它不仅是给人一件有用的东西，同时也送出一份真诚、一份心意、一个祝福而且是特定的祝福。如果离开了包装，就很难圆满地表达某种祝福，也很难让人认同。一件成功的礼品包装，一定能恰到好处地表达送礼者的意思，也一定会给得到礼品的人带来欣喜，如图 10-8 所示。

图10-8

图 10-8　具有祝福色彩的包装
右图 John & Kira's 巧克力包装

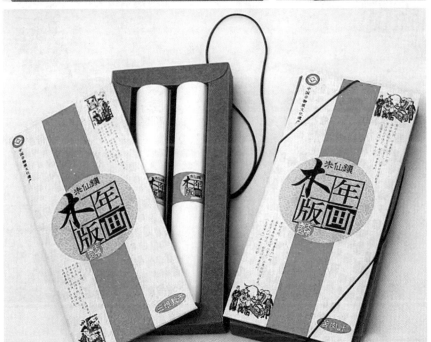

朱仙镇木版年画系列礼品包装
黄妍妍作品
湖南工业大学包装设计艺术学院
2011 届毕业生

朱仙镇木版年画系列礼品包装
黄妍妍作品
湖南工业大学包装设计艺术学院
2011 届毕业生

第十一章　绿色包装设计

第十一章　绿色包装设计

第一节　绿色包装设计概述

随着社会的发展，包装已成为人们的生活和世界贸易往来不可缺少的重要部分，它不仅推动着相关工业的发展，而且繁荣了市场、美化了人们的生活，越来越受到世人的关注。今天，包装的水平已成为衡量一个国家经济发展水平的重要标志。但随着包装业的繁荣，包装废弃物与日俱增，一些废弃材料难以回收和处理，造成环境污染，尤其是塑料包装废弃物，成为"白色污染"源，严重影响社会的可持续发展。严酷的事实向世人敲响了警钟，包装废弃物的回收再利用已迫在眉睫。为了社会的可持续发展，绿色包装的浪潮正在全球兴起。

一、绿色包装的兴起与发展

在包装界，绿色包装是 20 世纪最震撼人心的包装革命。

绿色包装的概念出自 1987 年联合国环境与发展委员会发表的《我们共同的未来》。1992 年，世界环境与发展大会提出人类社会的可持续发展思想，随之人们越来越深刻地认识到包装的废弃物对环境和资源的破坏。因而，如何充分有效地对包装的废弃物进行回收、利用，开发新型材料，成为包装业的重要课题。如今，绿色包装已成为包装工业不可逆转的潮流，世界许多发达国家相继出台环境保护和绿色包装的法令、法规。我国于 1993 年开始实行绿色标准制度，并制定了严格的绿色标志产品标准。1996 年 1 月国际标准化组织正式向全球发布了 ISO14000 系列绿色环保标准。1996 年 6 月，中国环境保护白皮书指出，我国政府将在"九五"期间实施《中国跨世纪绿色工程计划》，为我国绿色产品、绿色包装的发展指明了方向。

二、绿色包装的内涵与标识

（一）绿色包装的内涵

绿色包装是指对生态环境不造成污染、对人体健康不造成危害、能循环和再生利用、能促进可持续发展的包装。它以不污染环境、保护人体健康为前提，以充分利用再生资源、节约自然资源与降低能源消耗为发展方向，既取之于自然，又能回归自然。也就是说，它所用的材料来自自然，通过无污染的加工形成绿色包装产品，使用后又可以回收处理，回归自然或循

可回收利用的 Organic Valley 牛奶生态环保包装设计

利乐是完全由回收或可再生资源制成，同时也是 100% 可回收。牛奶包装外表面未涂层、未经处理，朴实无华，不仅吸引了具有环保意识的消费者的关注，同时也从众多的同类产品中脱颖而出。

环再利用。所以，绿色包装包含保护环境和资源再利用两方面内容。

（二）绿色环境标志和绿色包装标志

判断是否"环保型"包装以能否回收利用为标准。现在具有回收标记的包装在欧美国家市场上已经占绝大部分。回收标记寓意深长，它由三个箭头首尾相接环绕组成（图 11-1），第一个箭头代表废包装回收，第二个箭头代表回收利用，第三个箭头代表消费者的参与。三个箭头构成一个循环往复的系统。1975 年，德国率先推出有"绿点"（即产品包装的绿色回收）标志的绿色包装。绿色环保标志是由绿色箭头和白色箭头组成的图形（图 11-2）。双色箭头表示产品或包装是绿色的，可以回收使用。绿色包装符合生态平衡、环境保护的要求。

第二节　绿色包装设计的原则

对于设计师来说，要设计出符合环保要求的包装产品，就必须不断参照以下绿色包装设计的原则。

（1）使整个包装生产过程成为绿色系统，使其各个环节成为无污染环

图11-1　　　　　　　　　　　　　　　　　　　　　　　图11-2

图 11-1　回收标志
图 11-2　绿色环保标志
下图 M 公司的可回收低成本环保
泌乳饼干产品包装
这款便携包装袋成本低廉、环保并
且可以重复使用。

节，以利于最终产品的绿色。

（2）在生产过程中要节约能源，充分利用再生资源。

（3）产品的 4R1D 原则，即 reduce（减少包装材料，反对过分包装，即少量化原则）、reuse（可重复使用，不轻易废弃，可以再用于包装制品，即重复使用原则）、recycle（可回收再利用，把废弃的包装制品进行回收处理，即可回收原则）、recover（可获得新的价值，利用焚烧来获取能源和燃料，即资源再生原则）、degradable（可降解腐化，有利于消除白色污染，即可降解原则）。坚持 4R1D 原则，必须做到如下几点。

①用最少的材料实现包装功能，尽量减少用料的种类；要充分考虑材料的来源，尽可能地使用回收材料；在确保安全的前提下尽量减轻包装的重量。

②要考虑包装如何使用，用后如何处理，如重新使用、重新加工、腐化处理等。包装要易于操作，要便于运输与储存。

③要考虑包装的生产过程是否符合环保的要求，要考虑包装的印刷，使用无毒油墨等。如黄豆油墨（Soybean Oil Printing Ink）在美国已有 90%以上报纸的彩色版使用，具有公认的环保性。

④要考虑尽可能地利用商品优势减少包装材料，要考虑到商品的用途而妥善设计包装，要便于识别不同种类的材料。如使用不同颜色或质地。

⑤要有助于建立包装在使用、重新使用以及舍弃等方面的责任感；要符合本地的法律规定；要考虑本地垃圾管理的优势和劣势，并将其恰当应用到包装收集、回收、重新使用等设计思想中。

⑥要考虑如何将生产价值尽可能地保留到后续环节中；考虑从生产过程中寻找节约用料或成本的方法，始终坚持简单的解决方案，尽量做到"小就是美"。

衡量绿色包装，可以看所设计的包装是否符合可持续发展的要求。如所设计的产品或包装是经久耐用的设计；可以重复使用的设计和有利于健康的设计；对环境影响小的设计和简约的设计；能与人很好沟通的设计和方便使用的人性化设计；使用再生材料的设计；增加可再生能源的使用；使用带"绿点"标签的材料；使用以低能耗方式生产的材料；使用经过认证的标志体系，如生态标签、绿色标志等；减少垃圾、便于回收、便于再利用的设计。

第三节　绿色包装设计的方法

一、减量化

减量化贯穿于产品寿命的始终，具体包括在产品设计中减小体积、精简结构；在生产中降低消耗，对加工水平提出更高要求；在流通中降低成本；在消耗中减少污染、减少垃圾。包装设计中要尽量减少包装中多余的部件。目前，不少包装多有臃余，有些是由于技术不成熟引起的，有些则是因为追求虚荣造成的。每年到中秋节的时候，市场上便涌现出大量的"浮夸包装"、"过度包装"，造成大量的资源浪费，制造了大量的垃圾，既不环保也不符合健康生活的要求。有些包装的实物和包装外盒子的尺寸相差甚远，具有欺骗性，盒子越来越大，产品越来越小。甚至有的用来包装月饼、茶叶的包装盒采用的"中密度纤维板"，含有大量的游离甲醛，对人体有很大的危害。如部分月饼的包装，企业为了追求更多的附加值，在包装设计上喧宾夺主，包装的外盒体积越来越大，层次和结构越来越复杂，甚至附加一些毫不相干的产品于包装中，不仅浪费了材料资源，而且增加了运输费用和展示空间。同时，过大的包装给使用者带来许多不便，造成回收率低，不符合时代发展的潮流和绿色包装减量化的要求。要做到减量化的设计，需要企业与消费者双方的价值观有所改变，不贪图过多豪华、浮夸的视觉效果，而追求更加实用、有效的包装。减量化设计将会使今后的包装设计逐步转向"轻、短、薄、小"，产品结构趋向小型化、简洁化和便利化。如在日本的市场上和平时的生活中，大量地运用小而精的包装，既方便又卫生，让人一次可以品

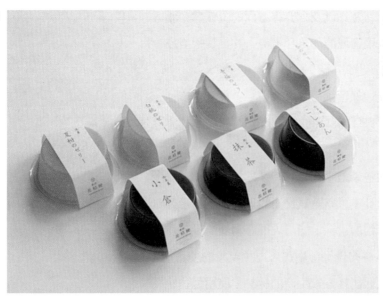

图 11-3　小巧的包装
日本名古屋 "菓匠花桔梗" 糕点包装设计

尝多种口味，既不浪费，又给人可爱灵巧的感觉，是非常好的适量化包装，如图 11-3 所示。

二、再生材料的利用

有效利用再生纸、再生纸浆、再生塑料、再生玻璃等作为包装的材料，既可节约能源和资源，又有利于环境保护。如诺基亚手机的包装，盒内衬就是用再生纸浆压模成型的，其结构合理、轻便，既节约了资源，又降低了包装成本，还可回收降解。因此，要加强对再生材料的运用和对再生材料所具有的特殊美感的认识，巧妙地使再生材料发挥更大、更有效的作用。在日本的星巴克咖啡屋，所有的包装，甚至一张小小的餐巾纸上都有明确、醒目的回收标志，同时，还标明纸的成分。如餐巾纸是用 70% 的回收纸、30% 的竹子制成的纸。它的纸杯设计更是合理、人性化。在纸杯外面加了一层护套。它是用 60% 的再生纸、40% 的其他材料制成的瓦楞纸，并且在上面印有明显的提醒 "小心勿烫" 的字样。它比两层纸杯少 45% 的材料。它不用时可以折叠自然扁平，不占空间，节约了运输、储存空间，在用时可以自然撑开，并可以重复使用。

三、可重复使用化

牛奶瓶、啤酒瓶等可反复使用的包装就属可重复使用化设计。由于回收、清洗容器也需消耗运输能源和其他一些能源，因此，绿色包装不存在优劣之分，只存在是否合适的问题。如可重复使用的包装袋，外表柔软而坚韧，经久耐用，约可重复使用 20 次；每个这样的包装袋可节约近 40 个通常使用的一次性购物袋。而制作这种包装袋的用料 15% 来自回收塑料。

又如有些茶叶筒、饼干盒的包装，在使用过后，包装仍可继续盛装食物，具有重复使用的功能。有些儿童食品包装，如小汽车糖果、小篮子果冻、圣诞老人巧克力等，外型设计生动有趣，吃完里面的食物后，可以把外包装留下来做玩具使用。这类包装的造型、装潢都非常精致耐看，独具特色，而且也是最能体现现代工艺水平的包装。重复使用化设计包含三个方面的内容，即产品部件结构自身的完整性、产品主体的可替换性和结构的完整性、产品功能的系统性。

四、能再生的再循环化

再循环分为物质回收与能源回收，可以针对整个社会开放式的系统，也可以仅对企业商品的再循环系统。要实现再循环化，必须做好如下工作：其一，通过立法形成全社会对资源回收再利用的普遍共识；其二，通过材料供应商与产品销售商联手建立材质回收的运行机制；其三，通过产品结构设计的改革，使产品部件与材质的回收运作成为可能；其四，通过回收

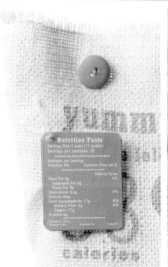

有机环保的 Yummy Earth 糖果包装
包装袋采用了可重复利用的麻质、
朴实的小布袋，感觉有机、自然。

材料并进行资源再生产的新颖设计，使资源再利用的产品得以进入市场；其五，通过宣传，使再生产品被消费者接受。此外，为了在抛弃时人人都能很容易地加入再循环的流程中，设计并共同认可绿色回收标志是十分重要的。日本的包装大多数是纸包装，便于回收再循环，很少见到用木板、胶合板等不利于健康的材料。它们的包装大多数是小而精，简洁而质朴，即便是礼品包装，也大都是纸盒。有些零售商品，大多运用包装纸来包装，既方便又快捷，成本低，而且每一种包装纸上都设计有本商店的标识、店名、回收标志，图案简洁大方，给人留下深刻的印象。

五、自然素材的有效利用

要有效地利用自然材料，使其发挥最大作用。麦秸、甘蔗、芦苇等不被人们重视的材料，通过巧妙的设计、开发、利用，可以赋予其独特的魅力，使之在包装中发挥很好的作用。如湖南的松花蛋、无锡的油面筋、湘西的特产等包装都是采用竹筐、竹筒、竹篓或藤条编织的自然材料做的包装，既有地方特色，又极容易回收。而且，这些材料都是就地取材，成本低廉，完全符合绿色包装的要求。在日本超市中，一些土特产品的包装，大多数采用的是纯天然的可再生的自然材料或再生纸做的包装材料，完全符合绿色包装设计的要求。用这种材料包装的食品不仅给人很好的视觉美感，而且方便、快捷、成本低，便于回收，不造成污染，既经济又实惠（图11-4）。要运用关于自然材料的新技术、新工艺制作符合绿色包装要求的包装。例如用土豆泥制作盛物盘或产品内包装，既克服了产品交叉感染或产品泄漏的问题，又因质地轻脆而重量减轻，还是一种可完全生物降解的材料。该材料可在几天内实现完全、无害降解，是其他材料不可替代的环保材料。

六、抛弃容易化

抛弃容易化包含三层含义。首先，是材料安全化。抛弃后的包装材料，在回收处理中不能有毒性，或燃烧处理后不会产生毒性物质。其次，是防止散乱化。这是为了使环境不受到包装中小部件散乱引起的污染而采取的保护方法，在设计之前就要考虑并采取有效的措施。如易拉罐的开口零件或瓶盖，能巧妙地固定在瓶身上，而不是在使用时被随意丢弃，造成不必要的污染。最后，是分类容易化。尽量避免混用不同的素材，用单一材料，以便回收再处理，减少回收处理的代价。如用树叶或其他植物等混合而成的生物材料经烘干制成的碗碟包装，不仅清洁卫生，成本低廉，而且可生物降解，可随意抛弃。

图11-4　日本土特产包装一套五
个"笹团子"，团子裹在竹叶里

日本人在垃圾处理、回收方面有一整套完整的循环体系，从分类到回收、再利用，分类很细。如可燃、不可燃、纸、塑料、瓶子等。居民们会在每周指定的时间内按时、按点地寄放不同的袋子。对喝完的饮料瓶子，也会很自觉地清洗干净并压扁后再回收，既卫生又节省空间。主妇们常常教育孩子做有利于环保的公益事业，从小做起，从点滴做起，培养良好的环保意识和素质，带动全民参与环保。

总之，绿色包装设计的方法有许多，要根据产品的具体情况而灵活把握，尽量使包装的设计、生产、制作、销售、使用、回收等成为绿色系统工程。

第四节　绿色包装设计趋势

一、绿色包装设计的目标任务

21世纪，人类的环境保护意识越来越强烈，世界各国都积极投入到治理人类过度发展工业后造成的环境污染中，我们只有一个地球的呼声越来越高，保护我们赖以生存的空间，已成为公众瞩目的重要课题。如何合理有效地利用资源，减少废弃物对我们生存环境的压力，已成为设计界的一个新趋向。对于从事包装设计的人员来说，有责任为人类、为社会考虑所设计的包装对环境的影响。要加强对绿色设计意义的再学习、再认识，努力学习绿色包装设计的具体知识，让绿色设计理念在设计思维中畅游，并建立牢固的思想，从自己做起，从现在做起，坚决执行绿色设计原则，向企业宣传绿色设计的概念，促进绿色环保事业及绿色包装事业的发展。要树立崭新的绿色设计的道德观念，在平时设计包装时，尽量按照绿色包装的设计原则，选择造型易于加工生产的材料，节约能源，减少材料，确保产品质量。多设计短、小、轻、薄而又多功能的产品，选择无毒、无害、易分解、易回收的材料，加强设计的合理性，使包装方便、健康、安全，摒弃不必要的装饰，杜绝"过度包装"和无用包装。尽量单纯化，明确回收与废弃分类标识，避免使用发泡塑料和有毒印刷油墨，减少产品在生产过程的污染，做到全过程的绿色设计，为社会可持续发展做出贡献。

二、绿色包装设计的展望

随着人类环保意识的增强，在可持续发展战略的引导下，绿色已成为世界流行色，绿色设计、绿色生产、绿色消费、绿色食品、绿色旅游、绿色产品、绿色城市……绿色包装作为绿色沧海中的一粟，以其强大的应用

生态环保的 Heartwood 盆景包装设计

优势和市场需求，独树一帜，已形成一道亮丽的风景。绿色设计不仅是一种技术层面的考虑，更重要的是一种观念上的变革。要求设计师放弃过分强调产品或包装外观上标新立异的做法，而将重点放在真正意义的创新上面，以一种更为负责的方法去创造产品的形态，用更简洁、长久的造型使产品或包装尽可能地延长使用寿命。设计要认真考虑有限的地球资源的使用问题，并为保护地球环境服务。

国家发改委正在同有关部门制定《包装法》，试图通过法律来制止包装越来越奢侈豪华的现象，增强公众的节约意识，改变不合理的消费观念。上海走在前沿，制定的《月饼包装暂行办法》规定，包装的空间不能大于整个包装的20%，内容物的间隔不能大于1cm，包装的成本不能超过商品零售价的20%，包装的内壁不能大于0.5cm，不用木材做包装材料，不放茶具、

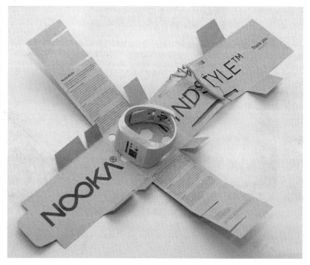

无胶、环保的Nooka绿色手表包装盒设计
Nooka始终坚持它一贯的绿色包装的风格，这次它引用了无胶自制盒形。这个包装是真正的绿色包装，只需最少的材料、最小的人工，材料也是可生物降解的。

瑞士的Niklas Hessman采用原色纸箱包装酒瓶，这种风格在市场上的大量酒包装中显得独树一帜。这种原色纸箱不但是由废旧材料制成，而且可降解。

茶叶、瓶酒等高档商品。包装标签的文字、图形、符号符合有关规定。大力提倡"适度包装"，强烈反对"过度包装"，并对过度包装的企业采取相应的强制措施，好的表扬，不好的通报批评。这说明人们的环保意识在逐日增加，试图努力共同创造节约型社会。我们必须从长远的战略目标出发，充分利用我国现有的优势资源，同时，不断研究开发新的包装材料，研究设计出更科学、合理的包装结构，用较少的材料和可回收的再生材料，设计出既实用又美观的新包装。

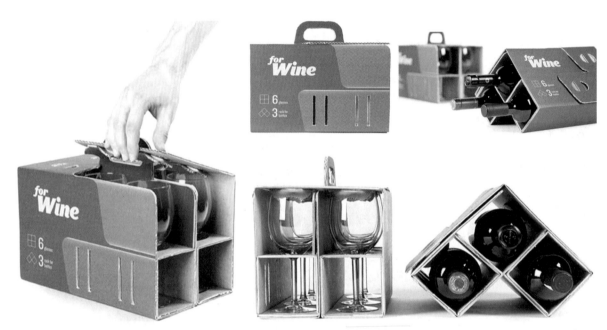

专为运输玻璃容器的 For Wine 可持续包装设计，设计师是芬兰 Lahti 包装和品牌设计研究院的 Joona Louhi 和 Antti Ojala。酒瓶在通常的运输过程中，常常得不到足够的保护，特别是中等价位的酒瓶。在这个设计中，设计师利用瓦楞纸的折叠，创造出有效的保护、运输酒瓶的设计，包装材料不但价廉而且还可重复使用。

这是匈牙利索普隆艺术设计学院的学生 éva Valicsek 的鸡蛋包装作品，固定牢固，拆卸简单，整洁美观，可重复使用。

第三篇
包装设计实训案例

一、山东工艺美术学院视觉传达设计学院包装设计专业与包装工程专业学生作品选

二、湖南工业大学包装设计艺术学院包装设计专业 2011 届毕业生设计作品选

一、山东工艺美术学院视觉传达设计学院包装设计专业与
包装工程专业学生作品选

山东工艺美术学院 视觉传达设计
学院 2006 级包装工程班
毕业设计 赵振兴作品
指导教师：彭建祥

山东工艺美术学院 视觉传达设计
学院 2006 级包装工程班
毕业设计 李蜜蜜作品
指导教师：彭建祥

山东工艺美术学院 视觉传达设计
学院 2006 级包装工程班
毕业设计 刘君作品
指导教师：彭建祥

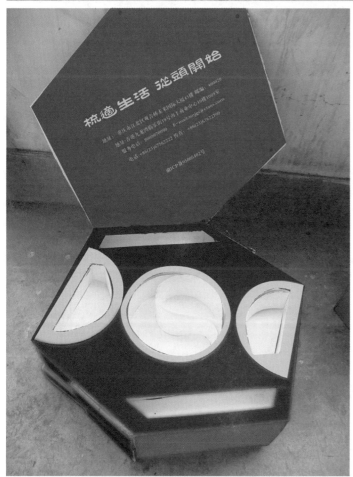

山东工艺美术学院 视觉传达设计
学院 2007 级包装 2 班王晓凤课堂
作业
指导教师：彭建祥

240

山东工艺美术学院 视觉传达设计
学院 2007 级包装 2 班邵玉倩课堂
作业
指导教师：彭建祥

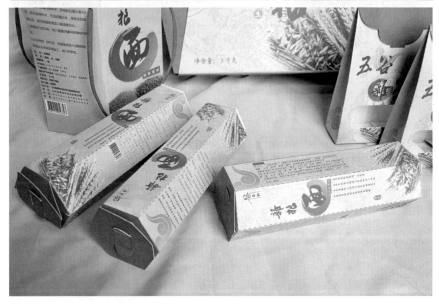

山东工艺美术学院 视觉传达设计学院 2007 级包装 2 班程双课堂作业
指导教师：彭建祥

二、湖南工业大学包装设计艺术学院包装设计专业2011
届毕业生设计作品选

湖南工业大学 包装设计艺术学院
包装设计专业 2011 届毕业生设计
作品

湖南工业大学 包装设计艺术学院
包装设计专业 2011 届毕业生设计
作品

湖南工业大学 包装设计艺术学院包装设计专业 2011 届毕业生设计作品

湖南工业大学 包装设计艺术学院包装设计专业 2011 届毕业生设计作品

湖南工业大学 包装设计艺术学院
包装设计专业 2011 届毕业生设计
作品

湖南工业大学 包装设计艺术学院
包装设计专业 2011 届毕业生设计
作品

参考文献

[1] 肖禾编著.销售包装设计.北京：印刷工业出版社，2008.

[2] 肖禾编著.包装造型与装潢设计基础.北京：印刷工业出版社，2006.

[3] 曾景祥，肖禾编著.包装设计研究.长沙：湖南美术出版社，2002.

[4] 金国斌，朱巨澜，蔡沪建编著.包装设计师.北京：中国轻工业出版社，2006.

[5] 魏洁.包装设计基础.上海：上海人民美术出版社，2008.

[6] 马新宇，李春晓编著.包装设计基础.上海：上海远东出版社，2007.

[7] 蔡沪建主编.包装设计员（中级）.北京：中国劳动社会保障出版社，2006.

[8] 周威.玻璃包装容器造型设计.北京：印刷工业出版社，2009.

[9] [美]乔治·L.怀本加，拉斯洛·罗斯.包装结构设计.上海：上海人民美术出版社，2006.

[10] 吴龙奇.产品包装系统设计与实施.北京：印刷工业出版社，2008.

[11] 朱国勤，吴飞飞编著.包装设计.上海：上海人民美术出版社，2002.

[12] [美]克里姆切克，科拉索维克.李慧娟译.包装设计：品牌的塑造——从概念构思到货架展示.上海：上海人民美术出版社，2008.

[13] [美]凯瑟琳·菲谢尔，斯泰茜·金·戈登编著.钟晓楠译.包装设计案例分析.北京：中国青年出版社，2008.

[14] 张大鲁，吴钰编著.包装设计基础与创意.北京：中国纺织出版社，2006.

[15] 李娟编著.包装设计色彩.南宁：广西美术出版社，2005.

[16] 曹方编著.包装设计实务.南京：江苏美术出版社，2005.

[17] 刘春雷编著.包装设计印刷.北京：印刷工业出版社，2007.

[18] 尹章伟等编著.包装概念.北京：化学工业出版社，2003.